U0142132

最實用

圖解

邁入臺灣服務新時代

經營學

服務業

戴國良 博士 著

書泉出版社 印行

作者序──服務業益趨重要

凡先進國家，例如美國、日本、法國、英國、德國、義大利、香港等國家，他們的服務業產值均占該國經濟總產值至少七到八成的高比例。臺灣也漸漸步入這種狀況，近幾年，臺灣服務業產值 GDP 亦已達到 73% 的最高比例。此顯示出，臺灣經濟的發展及支撐已從「製造的臺灣」(Made in Taiwan)，轉變到「服務的臺灣」(Service in Taiwan)。除高科技業仍留在臺灣外，傳統製造業已大部分外移到中國大陸及東南亞國家。取而代之的是，服務業已成為臺灣經濟成長與升級的重要關鍵所在。

臺灣服務業不僅是內需型行業，未來做好的話，仍然可以走向國際化及全球化布局，這是一個國內服務業仍要長期努力的方向。為什麼星巴克、麥當勞、7-11、肯德基、迪士尼、HBO、Discovery、屈臣氏、家樂福、JASONS 超市、名牌精品、花旗銀行、UNIQLO、ZARA……服務業可以在臺灣擴大發展，而臺灣的服務業卻不能在全球各國發展呢？這有賴全國企業家們的共同努力與打拼。

今天，我們幾乎活在一個服務業的環境，包括去量販店、便利商店、超市、百貨公司購物；使用信用卡、聯名卡、貴賓卡；上西式、日式、中式餐廳吃飯；上咖啡連鎖店、乘坐高鐵、臺北捷運、航空公司運輸工具；到國內或出國旅遊的服務提供；到書店買書；赴醫院、診所看病拿藥；去資訊 3C 賣場買東西；唸大學或 EMBA 進修；到主題遊樂區、休閒大飯店或精品旅館；或電視、網路、型錄購物等，幾乎都與各種服務業相接觸及消費購物。而大學或研究所畢業生，也大多在都會區的服務業公司上班工作，因此服務業的重要性太大了。

本書四大特色

筆者過去曾看了幾本翻譯自美國的相關教科書，總覺得有些隔閡、有些遙遠，能夠被活用與應用的價值不太高。而且美國的環境、企業名稱及案例，我們也不是很熟悉。因此，這啟發了作者撰寫本書的動機。希望能有一本本土化與實用價值化的《服務業經營學》圖解書，以迎合當下企業界、上班族、老師們、大學生們使用需求。

綜合來説，本書計有四大特色：

第一：本書內容尚稱豐富、架構完整、邏輯有序、全方位涵蓋。

第二：本書大量加入本土臺灣服務業案例輔助説明，以收理論與實務兩相結合之效益。希望從熟悉與貼近生活的本土實務案例中，學習到更多優良服務業者們的經營知識、行銷操作與 Know-how，是一本實務重要性遠大於理論的書籍。

第三：本書內容資料年限，力求與當下時代同步前進，並要求每隔二至三年，即更新資料內容，以達到「與時俱進」之目標要求。

第四：本書強調如何應用，重視應用的價值性，相信是一本不錯的工具書。尤其當前我們所見的，大部分都是服務業的行銷與管理。因此，市場上確實需要一本本土化應用圖解書。

感謝與祝福

本書能夠順利出版，衷心感謝我的家人、我的諸位長官、同事、同學們，以及五南圖書出版公司，與所有期待與採用本書的大學老師們及同學們。由於您們的督促、鼓勵、期盼與需求，才使作者有撰寫與整理出書的基本動機與體力。

最後，祝福每一位都有一個成長、學習、幸福、滿足、健康、快樂、順利與美麗的人生旅程。

再一次感謝大家，祝福所有讀者，在人生的每一分鐘旅途裡。

衷心感恩大家。

戴 國 良

mail：tai_kuo@emic.com.tw

taikuo@cc.shu.edu.tw

目次

第 1 章
服務經濟時代來臨   **001**

第 2 章
行銷學重點溫習   **013**

第 3 章
服務業市場調查與消費者洞察　　　　029

第 4 章
服務業行銷環境情報蒐集、分析以及新商機 045

第 5 章
服務業 S-T-P 架構分析   **061**

第 6 章
顧客滿意經營是什麼？   **077**

第 7 章
顧客關係管理　　　　　　　　　　　　　　109

第 8 章
服務品質概論　　　　　　　　　　　　　　125

第 9 章
服務業營運管理概述　　135

第 10 章
服務業經營策略與經營計畫書撰寫　　159

第 11 章
服務業經營績效分析與績效管理　　　　173

第 12 章
服務業行銷策略概述

203

第 **1** 章
服務經濟時代來臨

臺灣服務業產值占 GDP 達 73%，成為主導產業

一、OECD 經濟組織揭示「服務經濟時代」來臨

　　隨著知識經濟的發展與產業結構的改變，經濟合作暨發展組織 (OECD) 近期揭櫫，全球「服務經濟時代」(Era of Service Economy) 已經來臨！

　　在服務經濟時代，製造業與服務業的關係愈來愈密不可分，世界各國對服務業的發展也相當重視。而服務業在臺灣經濟體系中的影響也已開始發酵，對於國內的經濟成長、產值以及就業率的貢獻度日益重要，並逐漸成為臺灣的主導性產業。

二、2015 年，臺灣服務業占 GDP 達 73%，占就業人口數達 60%

　　在英國組織管理大師韓第 (Charles Handy) 眼中，全球的經濟型態早已由製造業轉為服務業。從臺灣的就業人口與產值來看，確實已正式邁入「服務經濟時代」。

　　根據國發會出版的《服務業發展綱領及行動方案》，2015 年服務業產值占整體國內生產毛額 (GDP) 的比重，就高達 73%，服務業就業人口占整體就業人口的比重，也提高至 60%。

　　國發會認為，2015 年服務業的整體產值已達 9 兆元，占全國 GDP 達三分之二！未來政府將積極發展服務業為經濟重要主軸，服務業平均每年以 6.1% 成長為目標，估計至 2016 年，我國服務業實質生產毛額將可達到 12 兆元，占 GDP 比重也將提高 75%。服務業的就業人數也將由 2010 年的 554 萬人，提高為 2016 年的 630 萬人，占總就業人數比重也將由 57.9% 提高為 65%。

三、近 12 年來，國內服務業產值及就業結構變化趨勢

　　在服務業日趨多元化下，臺灣服務業產值日增，服務業產值占 GDP 比重在 2008 年首度升逾七成，達 70.4%，而製造業產值比重仍達 24%，臺灣經濟非但沒有產業空洞化的問題，並且正朝向成熟服務業經濟結構的方向調整。相關表現如右表。

　　(一) 服務業產值概況

　　2013 年整體服務業名目 GDP9 兆元，占我國 GDP 總值 12.6 兆元的比重達 73.2%，如右圖所示。

　　(二) 服務業就業概況

　　2013 年整體服務業就業人數為 604 萬人，占總就業人數 1,040 萬人的 58.0%。如右圖所示。

服務業產值與就業人數概況

2013 年臺灣各產業占 GDP 比例表

農業		工業		服務業	
占 GDP 比例	就業人口比例	占GDP比例	就業人口比例	占GDP比例	就業人口比例
1.8%	7.0%	25.2%	33%	73%	60%

臺灣服務業產值及占GDP比例狀況（1981-2013年）

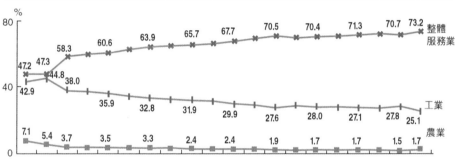

資料來源：行政院主計總處 2013 年 12 月國民所得統計。

臺灣服務業就業占總就業人數狀況

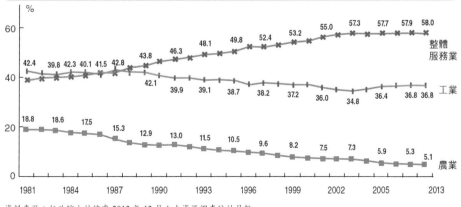

資料來源：行政院主計總處 2013 年 12 月人力資源調查統計月報。

1-2 服務業發展藍圖及全國服務業發展會議

一、服務業發展藍圖 (2014 年度起)

(一) 配合行政院核定 2014 年之六大新興產業政策,將觀光、文創、醫療照護服務業,及精緻農業中樂活農業納入本方案第一階段推動重點,並納入物流、電信及技術服務業 (以 IC 設計、資訊、節能、工程技術服務業為代表業別)。

(二) 服務業涵蓋範圍廣泛,本方案僅列舉部分業別,未納入者如金融、教育、環保、研發等各服務業亦皆有其重要性,仍由相關主管機關持續推動。

二、全國服務業發展會議

(一) 推動服務業五大意涵

2004 年 3 月通過的「服務業發展綱領及行動方案」中明白指出,臺灣推動服務業發展的五大意涵,包括 1. 服務內容 (Service);2. 市場潛力 (Market);3. 創新價值 (Inno-value);4. 生活品質 (Life) 及 5. 就業機會 (Employment),未來並將以「讓臺灣笑得更燦爛! (Brighten Taiwan's Smile!)」,作為服務業發展政策之標誌。

2004 年 9 月 20 日在臺北國際會議中心舉辦「全國服務業發展會議」,會中舉辦多場服務業的綜合研討會,希望藉此匯集產學研各界意見,凝聚共識,同時宣示政府推動服務業發展的決心,並能夠協助服務業早日升級轉型,紓緩失業,以提升國際競爭力。

(二) 選出 12 項服務業為「新興策略性服務業」

這次全國服務業發展會議,涵蓋 1. 金融服務業;2. 流通運輸服務業;3. 通訊媒體與數位匯流服務業;4. 醫療保健及照顧服務業;5. 觀光及運動休閒服務業;6. 文化創意與數位內容服務業;7. 設計服務業;8. 資訊服務業;9. 研發服務業;10. 人才培訓與人力派遣及物業管理服務業;11. 環保服務業;以及 12. 工程顧問服務業,作為未來重點發展的新興策略性服務業。

(三) 三種發展的可能性

策略性服務業當中,包含三種發展的可能性:1. 現在的服務業可以進一步升級;2. 新興服務業 (例如數位內容、數位匯流與文化創意) 逐漸興起;3. 製造業可進行的加值服務。未來國內服務業在進行轉型的過程中,傳統的服務業必須強調知識或技術的密集性,從知識或技術中去尋找源源不絕的服務創意。

(四) 從「臺灣製造」到「臺灣服務」

「服務業是下一階段臺灣經濟成長的新動能!」臺灣服務業目前就業人口比重僅 60%,相對於新加坡 74.3% 或日本 65.4% 仍顯得較低,顯示臺灣服務業發展空間極大!因此全國各界應致力於建設臺灣成為服務產業的發展平臺,讓「臺灣服務 (Served by Taiwan)」成為臺灣經濟發展的重要功能。

新興服務業的推動與發展

臺灣服務業六大新興產業概況

發展新興服務業

發展策略		
重點服務業	觀光服務業	醫療照護服務業	文化創意產業	樂活農業	流通服務業	電信服務業	技術服務業
主辦機關	交通部	衛生福利部	文化部	農委會	經濟部 / 交通部	國家資訊通信發展推動小組	工程會 / 經濟部

國內十二項新興策略性服務業

發展新興服務業

(1) 金融服務業

(2) 流通運輸服務業

(3) 通訊媒體與數位匯流服務業

(4) 醫療保健及照顧服務業

(5) 觀光及運動休閒服務業

(6) 文化創意與數位內容服務業

(7) 設計服務業

(8) 資訊服務業

(9) 研發服務業

(10) 人才培訓與人力派遣及物業管理服務業

(11) 環保服務業

(12) 工程顧問服務業

資料來源：本書整理自「全國服務業發展綱領及行動方案」。

將各學者對服務的定義臚列如下：

（一）Kotler (1991) 的服務定義：「服務係指一個組織提供給另一個群體的任何活動或利益，其基本上是無形的，且無法產生事物的所有權，服務的生產可能與某一項實體產品有關，也可能無關」；而 Zeithaml 與 Berry (1996) 則將服務簡單的定義為：「服務就是一系列的行為 (Deed)、程序 (Processes) 與表現 (Performates)」。由以上定義可知，服務是一個與銷售有關的一系列流程與行為的組合，這一系列的組合並不會提供給消費者所有權，且提供服務的廠商不一定是純粹的服務提供者，服務的提供者也包括實體產品製造商所提供的產品服務在內。

（二）Juran (1974) 的服務定義：為他人而完成的工作 (work performed for someone else)。

（三）現代行銷學者 Buell (1984) 給予「服務」一個比較周延的定義：是「被用為銷售，或因配合貨品銷售而連帶提供之各種活動 (Activities)、利益 (Benefits) 或滿意 (Satisfactions)。」

（四）石川馨 (1975) 的服務定義：服務為不生產硬體物品的有效工作。

（五）淺井慶三郎的服務定義：是指由人類勞動所生產，依存人類行為而非物質的實體。

（六）日本規格協會之事務營業服務品質管理研究委員會的服務定義：認為「服務是直接或間接以某種型態，有代價地供給適合需要者所要求的有價值之物。服務以滿足顧客的需要為前提，是達成企業目的並確保必要利潤所採取的活動」(杉本辰夫，1991)。

學者對服務之定義甚多，但綜合其意見，可將服務定義為「有代價地為他人提供對方所需求的服務行為」。

（七）康乃爾大學的定義：我們先從康乃爾大學對服務的定義來探討，他們認為服務 (Service) 的定義就是：

1.「S」表示要以微笑待客 (S：smile for everyone)。2.「E」就是要精通職務上的工作 (E：excellence in everything you do)。3.「R」就是對顧客的態度要親切友善 (R：reaching out to every customer with hospitality)。4.「V」是要將每一位顧客都視為特殊及重要的大人物 (V：viewing every customer as special)。5.「I」要邀請每一位顧客下次再度光臨 (I：inviting your customer to return)。6.「C」是要為顧客營造一個溫馨的服務環境 (C：creating a warm atmosphere)。7.「E」則是要以眼神來表示對顧客的關心 (E：eye contact that shows we care)。

各家學者對服務的定義

Alan Dutka 對服務的定義

S Sincerity

（Employees with polite and courteous manner.）

E Empathy

（Employees with the will of becoming the role of customers.）

R Reliability

（Employees with professional knowledge and honest attitude.）

V Value

（Employees provide a service which beyond customer's expectation.）

I Interaction

（Employees with responsive manner and good communication skills.）

C Completeness

（Employees do their best in providing services to the customers.）

E Empowerment

（Employees could handle the various customer's requests in time.）

資料來源：Dutka, Alan (1994), AMA Handbook for Customer Satisfaction, Chicago: NTC Publishing Group in Association with American Marketing Association.

 Alan Dutka 對服務的定義

服務人員	有代價的為他人提供對方所需求的服務行為！	消費者
店長 櫃長 店員 櫃員	・餐飲服務　・金融服務 ・娛樂服務　・教育服務 ・購物服務　・美食服務 ・交通服務　　　…	

1-4 服務的四大特性

一、服務的特性

一般來說，服務的特性主要可歸納為四項特性，茲簡述如下：

（一）無形性：服務所銷售的是無形的產品，服務通常是一種行為，要設定一致性的品質規格是相當困難的。顧客在購買一項服務之前，看不見、嚐不到、摸不著、聽不見、也嗅不出服務的內容與價值，亦即消費者在「購買」這項「產品」前，不易評估「產品」之內容與價值。

（二）同時性：即不可分割性 (Inseparability)，服務常常與其提供的來源密不可分。服務進行時，通常服務者與被服務者必須同時在場；易言之，服務常是一種活動過程，在此過程中，服務的提供與消費是同時發生的。而製造業的產品，則可以事先加以生產，其消費與生產之間通常具有時間差。

（三）變異性：同一項服務，常由於服務供應者與服務時間、地點的不同、而有許多不同的變化，即使由同一人服務，服務品質也可能因服務者當時的精神及情緒而有所不同，亦即一致的服務水準較不易維持。又消費者亦常隨時空的轉變，而改變其所要求的服務屬性。

（四）易消滅性：服務無法儲存，沒有「存貨」。

二、服務十項特色的詮釋

（一）服務是在提供的當下產生的，無法事先生產或預作準備。

（二）服務是無法生產、檢查、儲備或庫藏的。通常都是在顧客所在的地方，由一些未受管理階層直接影響的人所提供。

（三）這項「產品」不能被展示，也沒有樣品可以在服務前提供給顧客參考。

（四）接受服務的人得到的都不是具體東西，服務的價值在於其個人經驗。

（五）這樣的經驗無法賣給或是傳給第三者。

（六）如果表現不佳，服務是不能「重來」的，因此補償或道歉是挽回顧客滿意的唯一方法。

（七）品質保證必須發生在生產前或者當時，而不像製造業一般是發生在事後。

（八）提供服務通常都需要某種程度的人際互動，買賣雙方必須有相當程度的接觸，才能創造服務。

（九）服務接收者的期待，是整合到其個人對結果的滿意之中，服務品質是非常主觀的事。

（十）顧客在服務接收中必須遇到的人程序愈多，他感到滿意的機會就愈低。

請注意，我們並不是說，每一項服務都具備這些全部的特性，或者一項服務能擁有的就只有這些特性。你的公司愈瞭解這類行為，在顧客意見卡上能贏得的分數就愈高。

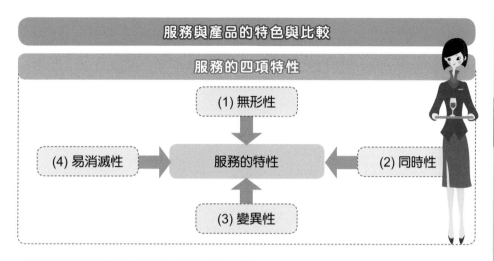

服務與產品的特色與比較

服務的四項特性

```
                    (1) 無形性
                        ↓
(4) 易消滅性  →    服務的特性    ←  (2) 同時性
                        ↑
                    (3) 變異性
```

產品與服務差異表

產品（Goods）	服務（Services）	結果的應用（Resulting implications）
1. 有形	1. 無形	(1) 服務無法儲存 (2) 服務沒有專利 (3) 服務不能被陳列 (4) 定價困難
2. 標準化	2. 異質的	(1) 服務的傳送和顧客滿意，視員工的表現而定 (2) 服務的品質依靠相當多不可控制的因素 (3) 適合服務傳送的計畫和促銷知識並未確定
3. 製造與消費分離	3. 製造與消費同時發生	(1) 顧客參與並影響傳輸 (2) 員工影響服務的產出 (3) 分權是必要的 (4) 大量生產有困難
4. 非易逝的	4. 易逝的	(1) 要使服務的供給和需求同時發生不容易 (2) 服務不能被退回或再銷售

產品與服務之差異

產品	服務
1. 到「終端」的一種方法 2. 較同質的 3. 較有形的 4. 生產與消費通常分開 5. 可儲存 6. 內含科技	1. 本身就是「終端」（解決顧客問題或經驗的方法） 2. 較不同質的 3. 較無形的 4. 與顧客共同產生（生產與消費不可分開） 5. 易消失（不能儲存） 6. 使用科技提供顧客更多控制

1-5 12 項服務業類別（行業別）

　　有鑑於服務業涵蓋的範圍相當廣泛，為妥善規劃各項服務業的發展，行政院自 2014 年起邀請產官學研召開 12 場次服務業發展研討會，以及後續 20 餘場次跨部會協商會議，共同選定金融服務業、流通服務業、通訊媒體服務業、醫療保健及照顧服務業、人才培訓人力派遣及物業管理服務業、觀光及運動休閒服務業、文化創意服務業、設計服務業、資訊服務業、研發服務業、環保服務業、工程顧問服務業等 12 項服務業，作為現階段的發展重點。

　　（一）**金融服務業**：1. 金融及保險服務業，係指凡從事銀行及其他金融機構之經營、證券及期貨買賣業務、保險業務、保險輔助業務之行業均屬之。2. 產業範圍包括銀行業、信用合作社業、農（漁）業信用部、信託部、郵政儲金匯兌業、其他金融及輔助業、證券業、期貨業、以及人身保險業、財產保險業、社會保險業、再保險業等。

　　（二）**流通服務業**：1. 連結商品與服務自生產者移轉至最終使用者的商流與物流活動，而與資訊流與金流活動有相關之產業，則為流通相關產業。2. 產業範圍包括批發業、零售業、物流業（除客運外之運輸倉儲業）。

　　（三）**通訊媒體服務業**：1. 利用各種網路、傳送或接收文字、影像、聲音、數據，以及其他訊號所提供之服務。2. 產業範圍包括電信服務業（固定通信、行動通信、衛星通信及網際網路接收）服務，與廣電服務（廣播、有線電視、無線電視及衛星電視）等服務。

　　（四）**觀光及運動休閒服務業**：1. 觀光服務業：提供觀光旅客旅遊、食宿服務與便利、以及提供舉辦各類型國際會議、展覽相關之旅遊服務。2. 運動休閒服務業包括運動用品批發零售業、體育表演業、運動比賽業、競技及休閒體育場館業、運動訓練業、登山嚮導業、高爾夫球場業，運動傳播媒體業、運動管理顧問業等。

　　（五）**文化創意服務業**：1. 文化創意產業指源自創意或文化積累，透過智慧財產的形成與運用，具有創造財富與就業機會潛力，並促進整體生活環境提升的行業。2. 產業範圍包括視覺藝術產業、音樂與表演藝術產業，文化展演設施產業、工藝產業、電影產業、廣播電視產業、出版產業、廣告產業、設計產業、設計品牌時尚產業、建築計設產業、創意生活產業、數位休閒娛樂產業等。

　　（六）**醫療保健及照顧服務業**

　　（七）**人才培訓、人力派遣及物業管理服務業**

　　（八）**設計服務業**

　　（九）**資訊服務業**

　　（十）**研發服務業**

　　（十一）**環保服務業**

　　（十二）**工程顧問服務業**

服務業類別與產值前五大

12項服務業類別

(1) 金融服務業	(7) 人才培訓、派遣及物業管理服務業
(2) 流通服務業	(8) 設計、裝潢服務業
(3) 通訊與媒體服務業	(9) 資訊服務業
(4) 觀光、休閒服務業	(10) 研發服務業
(5) 文創服務業	(11) 環保服務業
(6) 醫療及照護服務業	(12) 工程顧問服務業

國內產值最高及就業人口最多的五大服務業

① 金融服務業 ⇨ 銀行、證券、保險公司

② 流通服務業 ⇨ 批發、零售、百貨、超市、量販、便利商店、網購

③ 電信及媒體服務業 ⇨ 電信、電視、報紙、廣播、網路、行動廣告

④ 觀光及休閒服務業 ⇨ 觀光、旅行社、旅遊、景點、遊樂區、大飯店、渡假村、民宿、交通

⑤ 餐飲服務業 ⇨ 中餐、西餐、速食、日式、麵食

Date _____ / _____ / _____

第 2 章
行銷學重點溫習

一、何謂「行銷」

我們回到原先的「行銷」(marketing) 定義上。行銷的英文是 Marketing，是市場 (market) 加上一個進行式 (ing)，故形成 Marketing。

此意是指：「廠商或企業在某些市場上，展開一些促進他們把產品銷售給市場上消費者，以完成雙方交易的任何活動，這些活動都可稱之為行銷活動。而最後消費者在購買產品或服務之後，即得到了充分滿足其需求。」

因此，廠商行銷的最終目標，主要有兩個：第一個是滿足消費者的需求；第二個是要為消費者創造出更大的價值。

二、行銷的重要性

行銷與業務是公司很重要的部門，他們共同負有將公司產品銷售出去的重責大任。也是創造公司營收及獲利的重要來源。公司即使有好的製造設備能製造出好的產品，也有要好的行銷能力相輔相成配合。而今天的行銷，也不再僅僅是銷售，而是隱含了更高階的顧客導向、市場研究、產品定位、廣告宣傳、售後服務等，一套有系統的知識寶藏。

三、何謂「行銷目標」

企業在實務上，有幾點重要的「行銷目標」(Marketing Objectives) 需要達成：

(一) 營收目標：也稱為年度營收預算目標，營收額代表著有現金流量 (Cash Flow) 收入。此外，營收額也代表著市占率的高低及排名。

(二) 獲利目標：獲利目標與營收目標兩者的重要性是一致的。有營收但虧損，則企業也無法長期支撐，勢必關門。因為有獲利，公司才能形成良性循環，可以不斷研發、開發好產品、吸收好人才，才能獲得銀行貸款、採購最新設備，也可以享有最多的行銷費用，用來投入品牌的打造或活動的促銷。

(三) 市占率目標：市占率 (Marketing Share) 代表公司產品或品牌，在市場上的領導地位或非領導地位。因此，也是一項跟著營收目標而來的指標。

(四) 創造品牌目標：品牌 (Brand) 是一種長期、較無形的重要價值資產，故有人稱之為「品牌資產」(Brand Asset)。消費者之中，有一群人是品牌的忠實保有者及支持者，此比例依估計至少有三成以上。因此，廠商除了獲利外，也想要打造出長久享譽的知名品牌。如此，對廠商的長遠經營，當然會帶來正面的影響。

(五) 顧客滿足與顧客忠誠目標：行銷的目標，最後還是要回到消費者主軸面來看。廠商所有的行銷活動，必須以創新、用心、貼心、精緻、高品質、物超所值、尊榮、高服務等各種作為，讓顧客們感到高度的滿意及滿足。如此，顧客會對企業產生信賴感，養成消費習慣，進而創造顧客忠誠度。

企業行銷目標

企業五大「行銷目標」
（Marketing Objectives）

1. 如何達成營收目標

2. 如何達成獲利目標

3. 如何達成市占率目標

4. 如何達成品牌打造目標

5. 如何達成顧客滿意及顧客忠誠目標

市占率高對企業會有什麼好處？

① 做好的廣告宣傳

② 鼓勵員工戰鬥力

③ 使生產達成經濟規模

④ 跟通路商保持良好關係

⑤ 對獲利有加分的效果

為何要做行銷？

做行銷 Marketing

就是要為公司：
創造營收及創造獲利
（Revenue & Profit）

行銷經理人常見四種職稱

行銷經理人職稱

①行銷經理
（Marketing Manager）

②產品經理
（Product Manager, PM）

③品牌經理
（Brand Manager, BM）

④行銷企劃經理
（Marketing Planning Manager）

什麼是「顧客導向的意涵」(Customer Orientation)？請好好思考深度意義，並設身處地站在顧客的立場上設想。

前統一超商總經理徐重仁的基本行銷哲學：「只要有顧客不滿足、不滿意的地方，就有新商機的存在。……所以，要不斷的發掘及探索出顧客對統一7-ELEVEN 不滿足與不滿意的地方在哪裡。」

同時他也強調顧客導向的信念：「企業如果在市場上被淘汰出局，並不是被你的對手淘汰的。一定是被你的顧客所拋棄，因此，心中一定要有顧客導向的信念。」

(一) **顧客導向的觀念**：行銷觀念在現代企業中已經被廣泛應用，這些觀念包括：

1. 發掘消費者需求並滿足他們。

2. 製造你能銷售的東西，而非銷售你能製造的東西。

3. 關愛顧客而非產品。

4. 盡全力讓顧客感覺他所花的錢，是有代價的、正確的、以及滿足的。

5. 顧客是我們活力的來源與生存的全部理由。

6. 要贏得顧客對我們的尊敬、信賴與喜歡。

(二) **顧客導向的案例**：說到顧客導向成功的案例，我們會聯想到統一超商、麥當勞及摩斯漢堡，其特色說明如下：

1. 統一超商 (7-ELEVEN)：ibon 繳款、City Café 平價咖啡、ATM 方便提款，主要對象為附近住家、上班族、學生。

2. 麥當勞 (McDonald's)：

(1) 24 小時電話宅配服務。

(2) 餐盤紙背後跟盛載食物的容器上，都有標示營養價值，滿足現代人追求健康的需要。

(3) 人多時會有服務人員以 PDA 點餐，節省等待時間。

(4) 有兒童遊樂區，提供小孩玩樂的地方，方便家長帶小孩。

3. 摩斯漢堡：

(1) 透明開放的廚房，讓顧客對整個商品的製作過程一目了然，吃得更安心。

(2) 產品現點現做，堅持熱騰騰第一時間呈現給顧客。

(3) 電話取餐的服務，更節省等餐時間。

(4) 所使用的米、蔬菜甚至牛肉，都有生產履歷，讓消費者吃得放心。

(5) 不用櫃檯前等餐，服務人員會幫忙送到餐桌。

(6) 用餐空間高雅、明亮，並且伴隨著輕音樂，讓用餐更愉快。

顧客導向的信念與實踐

堅定顧客導向的信念（市場導向）

1. 顧客需要什麼，我們就提供什麼，由顧客決定一切。
2. 市場需要什麼，我們就提供什麼，由市場決定一切。
3. 有顧客不滿足的地方，就有商機的存在，因此要隨時發現不滿意的地方是什麼。
4. 我們應不斷研發及設想，如何滿足顧客現在及未來潛在性的需求。
5. 要不斷為顧客創造物超所值及差異化的價值。
6. 顧客是我們的老闆，也是我們的上帝。

實踐並堅守顧客導向

企業行銷
Marketing

- 發掘顧客潛在需求
- 滿足顧客所有需求
- 達成顧客所期待的我們
- 做得比顧客期待的更多
- 帶給顧客物超所值感與驚喜感
- 只要用心就有用力之處

顧客消費者
Consumer

企業的存在與經營根本→顧客導向

① 新產品開發
② 新服務開發
③ 產品改良、設計
④ 訂價多少問題
⑤ 通路布建問題
⑥ 服務水準問題
⑦ 物流配送速度
⑧ 代言人選擇
⑨ 促銷活動

都要想著：顧客導向

👉 顧客導向：顧客要什麼

・要便利（方便）	・要物超所值	・要平價奢華
・要有心理尊榮感	・要促銷、要贈品、要好康	・要高品質
・要設計感、要創新	・要實用	・要功能強大
・要心理滿足	・要物質滿足	・要貼心、要服務
・要快樂、要驚喜、要可愛、要精緻		

2-3　顧客究竟要什麼

一、何謂顧客——美國比恩郵購公司的精神標語

👉 何謂顧客

① 顧客是這個辦公室裡最重要的人物：不論是親臨或郵購。

② 顧客不需要依賴我們，但我們非常依賴顧客。

③ 顧客不會造成我們工作上的困難，因為顧客正是我們工作的目的。

④ 我們的服務不是施捨顧客，而是顧客賞賜機會讓我們服務他們。

⑤ 不允許任何人與顧客發生爭執，是因為顧客不是爭論的對象。

⑥ 我們滿足顧客，自己才能獲利。

二、顧客要什麼

　　國內服務業管理學者衛南陽針對顧客要什麼，提出 26 項要點如下：

　　1. 物美價廉的感覺。2. 優雅的禮貌。3. 清潔的環境。4. 令人感到愉快的環境。5. 溫馨的感受。6. 可以幫助顧客成長的事物。7. 讓顧客得到滿足與滿意。8. 方便、快速。9. 提供售前服務與售後服務。10. 認識以及熟悉顧客，客製化感受。11. 商品具有吸引力。12. 物超所值感。13. 提供完整的選擇。14. 站在顧客的立場，將心比心。15. 沒有刁難顧客的隱藏制度。16. 傾聽客人的心聲。17. 全心處理個別客人的問題。18. 效率和安全兼顧，高品質保證。19. 讓人很放心。20. 顯示顧客的尊榮與榮耀感。21. 能被認同與接受。22. 受到重視，VIP 的對待。23. 有合理且迅速處理問題的抱怨管道。24. 不想等待太久。25. 專精的人員與高檔的服務。26. 前後一致的待客態度。

三、本公司是否真的有顧客導向

　　(一) 有沒有經常性或定期性的評估顧客服務表現呢？

　　(二) 是否瞭解自己的競爭者呢？有沒有方法蒐集他們的作為呢？

　　(三) 知道顧客對我們的產品或服務的評價嗎？

　　(四) 顧客的優先順位排名永遠比老闆、股東更前面嗎？

　　(五) 是否持續追求更符合顧客意願的產品或服務呢？

　　(六) 有沒有比競爭者更接近顧客呢？

　　(七) 產品或服務的研發，有沒有採納市場或顧客的意見呢？

顧客究竟要什麼？勿忘26項

顧客要什麼？

1. 物美價廉的感覺！

2. 物超所值感！

3. 優雅的禮貌！

4. 令人感到愉快的環境！

5. 讓顧客感到滿意與滿足！

6. 方便與快速！

7. 認識與熟悉顧客！

8. 提供完整的選擇！

9. 傾聽顧客的心聲！

10. 顯示顧客的尊榮與榮耀心！

11. 高檔的服務！

12. 解決問題的管道！

13. 顧客感到受重視！

14. 效率與安全兼顧！

15. 站在顧客立場！

16. 商品及服務具吸引力！

17. 幫助顧客成長！

18. 專門人員貼心服務！

19. 以 VIP 對待！

20. 客製化感受！

21. 高品質保證！

22. 清潔的環境！

23. 溫馨的感受！

24. 提供售前與售後服務！

25. 不讓顧客等太久！

26. 前後一致的待客態度！

一、探索消費者需求

7-ELEVEN 前總經理徐重仁在各種演講場合或是接受專訪時,總是強調:「顧客需求不滿足的地方,就是商機所在。」他認為統一超商還有很多商機,因為顧客需求還有很多未被滿足之處。

另外,全球 7-ELEVEN 店數最多的日本 7-ELEVEN 董事長鈴木敏文,也提出他的經營智慧與看法:1. 昨天的顧客需求,不代表是明日顧客的需要。2. 昨天的顧客與明天的顧客不同。3. 我們從不到其他的便利商店去觀摩,因為我們的競爭對手不是其他同業,而是顧客求新求變的需求。4. 對便利商店而言,顧客的情報就是生命,情報是活的,因此新鮮度很重要。5. 經營者要拋棄過去的成功經驗,並去創新。6. 先破壞,再創新,這就是日本 7-ELEVEN 的創業精神。

二、如何傾聽、蒐集、運用、發揮「顧客聲音」

從以上描述來看,「顧客聲音」真的是革新事業的根本起點,下面我們舉幾個成功的案例,簡述如下:

 案例 1 日本 Nissen 郵購公司:「顧客心聲委員會」

日本第二大型錄郵購公司——Nissen,在幾年前成立「顧客心聲委員會」。這個委員會每年蒐集 30 萬件以上顧客的聲音,從中篩選可行及具創意約 500 件,作為型錄商品開發、型錄編輯設計、促銷活動及售後服務等事宜參考與創意來源。

 案例 2 日本 7-ELEVEN 公司:POS 數據分析與 FC 大會

日本第一大便利商店——日本 7-ELEVEN,創業 30 年來,最大的特色是每週二在東京總公司舉行的 FC 大會(全日本加盟店大會)。參加人員包括全國各地的區顧問、開店人員、14 個大區域經理,以及各地經理,總公司各部門主管也要出席。在會中可以聆聽到來自各地的第一手消費者與市場訊息。另外,在各店的 POS 資訊系統,每天總部都能即時得到銷售訊息,以利相關決策。這個POS 系統的呈現背後,就是每天日本 7-ELEVEN1,000 萬人次的消費行為,包括經濟面與心理面的消費趨勢方向,這就是鈴木敏文董事長所稱的「統計心理學」。

 案例 3 日本華歌爾公司:顧客共同參與開發新產品

日本第一大內衣公司——華歌爾品牌內衣公司,在組織內部成立「顧客共同參與研發委員會」,邀請最忠誠與最有想法、最有興趣與時間的顧客,參與新商品研發工作。過去,大概產製一個新產品或改良產品要花八個月時間,現在卻只要二個半月,效率提高很多,每年新產品數量也多了。對內衣行銷而言,不斷推出新材質、新款式、新功能與新品牌,是維持競爭優勢與市占率的重要指標。

傾聽顧客聲音與成功案例

以顧客聲音為起點

老闆

企業經營

V.O.C
(Voice of customer)
（顧客心聲）

消費者

 成功案例

日本Nissen	→	成立「顧客心聲委員會」
日本7-11公司	→	每日觀察 POS 數據分析！
	→	每週召開全國區經理會議檢討
日本華歌爾	→	成立「顧客共同參與研發委員會」

台灣及日本7-ELEVEN對顧客導向的落實

① ATM提款機

② City Café都會咖啡

③ 長條餐桌椅

④ 小包裝蔬菜水果

⑤ ibon多媒體服務機器

⑥ 7-SELECT自創品牌，平價產品

⑦ 各種繳費單服務

⑧ 7net網路購物

⑨ 辣/不辣關東煮

⑩ 各式便當、麵食、三明治、飯糰

⑪ icash卡、OPEN小將

⑫ 黑貓宅急便收貨、送貨、取貨

· 我們最大的競爭對手？
→ 是顧客瞬息萬變的需求！

· 當企業衰退時？
→ 代表顧客不需要我們了！

· 昨天的顧客？
→ 不代表明天還是顧客！

· 成功行銷的關鍵
→ 客的心！在於如何掌握每天來店顧

· 要感動顧客
→ 企業利潤才會隨之而來！

021

2-5 行銷 4P 組合戰略

就具體的行銷戰術執行而言，最重要的就是行銷 4P 組合 (Marketing 4P Mix) 的操作，但什麼是行銷 4P 組合？要如何運用？

一、什麼是「行銷 4P 組合」

此即廠商必須同時同步做好，包括：

1. 產品力 (Product)；
2. 通路力 (Place)；
3. 定價力 (Price)；
4. 推廣力 (Promotion) 等 4P 的行動組合。

而推廣力又包括促銷活動、廣告活動、公關活動、媒體報導活動、事件行銷活動、店頭行銷活動等廣泛的推廣活動。

二、行銷 4P 組合的戰略

站在高度來看，「行銷 4P 組合戰略」是行銷策略的核心重點所在。

行銷 4P 組合戰略是一個同時並重的戰略，但在不同時間及不同階段中，行銷 4P 組合戰略有其不同的優先順序，包括：

1. 產品戰略優先

係指以「產品」主導型為主的行銷活動及戰略。

2. 通路戰略優先

係指以「通路」主導型為主的行銷活動及戰略。

3. 推廣戰略優先

係指以「推廣」主導型為主的行銷活動及戰略。

4. 價格戰略優先

係指以「價格」主導型為主的行銷活動及戰略。

然後，透過 4P 戰略的操作，以達成行銷目標的追求。

三、為何要說「組合」

那麼為何要說「組合」(Mix) 呢？

主要是當企業推出一項產品或服務，要成功的話，必須是「同時、同步」要把 4P 都做好，任何一個 P 都不能疏漏，或是有缺失的。例如：某項產品品質與設計根本不怎樣，如果只是一味大做廣告，那麼產品仍不太可能會有很好的銷售結果。同樣的，一個不錯的產品，如果沒有投資廣告，那麼也不太可能成為知名度很高的品牌。

行銷4P組合

行銷４P組合戰術行動

行銷4P組合戰術行動

- 1.產品力(Product)
- 2.通路力(Place)
- 3.定價力(Price)
- 4.推廣力(Promotion)
  - ①促銷活動
  - ②廣告活動
  - ③公關活動
  - ④報導活動
  - ⑤店頭行銷
  - ⑥事件行銷

行銷4P組合戰略

行銷目標(Marketing Target)

1.以產品為主導的行銷

2.以推廣為主導的行銷

①產品戰略 (Product)　②推廣戰略 (Promotion)

③通路戰略 (Place)　④價格戰略 (Price)

3.以通路為主導的行銷

4.以價格為主導的行銷

行銷4P組合戰略(Marketing 4P Mix)

023

4P/1S負責單位

4P/1S	主要	輔助
1.產品策略	研發部(R&D)/商品開發部	行銷企劃部
2.定價策略	業務部/事業部	行銷企劃部
3.通路策略	業務部	—
4.推廣策略(IMG)	行銷企劃部	—
5.服務策略	客戶服務部/會員經營部	行銷企劃部

行銷 4P vs. 4C 串聯觀念

行銷 4P 組合固然重要，但 4P 也不是能夠獨立存在的，必須有另外 4C 的理念及行動來支撐、互動及結合，才能發揮更大的行銷效果。4P 對 4C 的意義是什麼呢？

4P 與 4C 的對應意義，即在明白告訴企業大老闆及行銷人員，公司在規劃及落實執行 4P 計畫上，是否能夠「真正」的搭配好 4C 的架構，做好 4C 的行動，包括思考是否做到下列各點：

一、產品及服務是否能滿足顧客需求

我們的產品或服務設計、開發、改善或創新，是否堅守顧客需求 (Customer need) 滿足導向的立場及思考點，以及當顧客在消費此種產品或服務時，是否真為其創造了前所未有的附加價值？包括心理及物質層面的價值內在。

二、產品是否價廉物美及成本下降

我們的產品定價是否做到了價廉物美？我們的設計、R&D 研發、採購、製造、物流及銷售等作業，是否力求做到不斷精進改善，使產品成本得以降低，因此能夠將此成本效率及效能回饋給消費者。換言之，產品定價能夠適時反映產品成本而做合宜的下降。例如：3G 手機、數位照相機、液晶電視機、電漿電視機、MP3 數位隨身聽、筆記型電腦等產品均較初期上市時，隨時間演進而不斷向下調降售價，以提升整個市場買氣及市場規模擴大。

三、行銷通路是否普及

我們的行銷通路是否真的做到了普及化、便利性以及隨時隨處均可買到的地步？這包括實價據點（如大賣場、便利商店、超市、購物中心、各專賣店、各連鎖店、各門市店）、虛擬通路（如電視購物、網路 B2C 購物、型錄購物、預購）以及直銷人員通路（如雅芳、如新等）。在現代工作忙碌下，「便利」其實就是一種「價值」，也是一種通路行銷競爭力的所在。

四、產品整合傳播行動及計畫是否能夠引起共鳴

我們的廣告、公關、促銷活動、代言人、事件活動、主題行銷、人員銷售等各種推廣整合傳播行動及計畫，是否真的能夠做好、做夠、做響與目標顧客群的傳播溝通工作，然後產生共鳴，感動他們、吸引他們，在他們心目中建立良好的企業形象、品牌形象及認同感、知名度與喜愛度。最後，顧客才會對我們有長期性的忠誠度與再購買習慣性意願。

從上述分析來看，企業要達成經營卓越與行銷成功，的確必須同時將 4P 與 4C 做好、做強、做優，如此才會有整體行銷競爭力，也才能在高度激烈競爭、低成長及微利時代中，持續領導品牌的領先優勢，然後維持成功於不墜。

4P與4C的對應意義

4P	VS.	4C
1.Product（產品）	→	Customer-Orientation或是Customer Value（即堅守顧客導向與顧客價值創造）
2.Price（定價）	→	Cost Down（成本降低或降價，回饋消費者及產品價格競爭力）
3.Place（通路）	→	Convenience（便利性，即產品應普遍在各種虛實賣場上架，隨時隨處可買得到）
4.Promotion（推廣／廣告／促銷）	→	Communication（傳播溝通，要做好全方位的整合行銷傳播訊息任務，建立好品牌及高知名度）

4P＋4C發揮總體競爭力

全方位、總體行銷競爭力二大架構

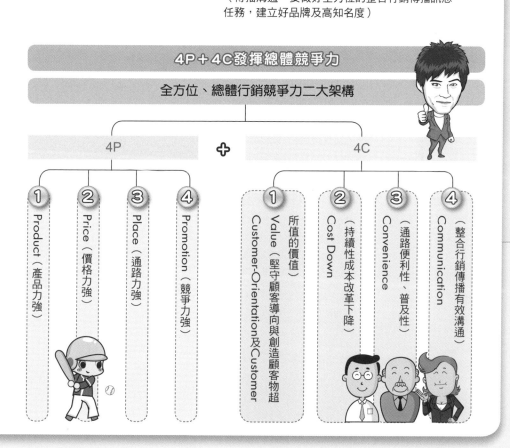

4P

① Product（產品力強）
② Price（價格力強）
③ Place（通路力強）
④ Promotion（競爭力強）

＋

4C

① Value（所值的價值）（堅守顧客導向與創造顧客物超所值的價值）Customer-Orientation及Customer
② Cost Down（持續性成本改革下降）
③ Convenience（通路便利性、普及性）
④ Communication（整合行銷傳播有效溝通）

服務業行銷 8P/1S/1C 擴大 10 項組合意義

　　將 8P/1S/1C 擴大適用在服務業的行銷上，你能想像會產生怎樣一個組合意義呢？

一、組合要素之 8P

　　筆者把行銷 4P，擴張為服務業行銷 8P，主要是從 Promotion 中，再細分出更細的幾個 P。

　　第 5P：Public Relation，簡稱 PR，即公共事務作業，主要是如何做好與電視、報紙、雜誌、廣播、網站等五種媒體的公共關係。

　　第 6P：Personal Selling，即個別的銷售業務或銷售團隊。因為很多服務業，還是仰賴人員銷售為主，例如：壽險業務、產險、汽車、名牌精品、旅遊、百貨公司、財富管理、基金、健康食品、補習班、戶外活動等均是。

　　第 7P：Physical Environment，即實體環境與情境的影響。服務業很重視現場環境的布置、刺激、感官感覺、視覺吸引等。因此，不管在大賣場、在貴賓室、在門市店、在專櫃、在咖啡館、在超市、在百貨公司、在 PUB 等，均必須強化現場環境帶動行銷力量。

　　第 8P：Process，即服務客戶的作業流程，盡可能一致性與標準化 (SOP)。避免因不同服務人員，而有不同服務程序及不同服務的結果。

二、組合要素之 1S

　　1S：Service，產品在銷售出去後，當然還要有完美的售後服務，包括客服中心服務、維修中心服務及售後服務等，均是行銷完整服務的最後一環，必須做好。

三、組合要素之 1C

　　1C：CRM，中文意思是指顧客關係管理 (Customer Relationship Management)。例如：SOGO 百貨公司的 Happy Go 卡即屬於忠誠卡計畫，利用在遠東集團 9 個關係企業及跨異業 3,000 多個據點消費，均可累積紅利，然後折抵現金或換贈品；目前已發卡 1,200 多萬張，活卡率達 70%，算是很成功的 CRM 操作手法之一。此外，像屈臣氏的寵 i 卡、全聯福利中心的福利卡、誠品書店的誠品卡……，亦均屬於一種會員的忠誠卡。

小博士的話

　　忠誠卡的作用，已日益重要。包括：全聯的福利卡已突破 700 萬卡，屈臣氏寵 i 卡已破 400 萬卡，家樂福好康卡已破 400 萬卡，誠品卡破 300 萬卡……等；這些具有折扣優惠或紅利集點與兌換折抵現金等優惠，已被證明更能鞏固住既有顧客，顧客的回購頻率及回購金額也都提高很多！是有效的行銷工具！

服務業行銷8P / 1S / 1C組合

10.顧客關係管理（CRM）

9.售後服務（Service）

8.服務流程（Process）

7.現場環境（Physical Environment）

6.公共事務（PR）

服務業行銷 8P / 1S / 1C組合

1.商品（Product）

2.定價（Pricing）

3.通路（Place）

4.廣告與促銷（Promotion）

5.人員銷售（Personal Selling）

麥當勞案例

產品

漢堡、薯條、可樂、咖啡等。

定價

$39、$69、$99。

通路

全國超過400家店。

廣宣、促銷

王力宏、蔡依林等。

實體環境

整潔、乾淨、明亮等。

服務流程

內場廚房製作流程暢快；外場服務作業井然有序。

人員銷售

整潔制服、態度親切、開朗有朝氣等。

服務

超值早午餐、天天超值選、24小時歡樂送、得來速VIP等。

Date _____/_____/_____

第 3 章
服務業市場調查與消費者洞察

3-1 量化與質化的兩種市調類別

行銷決策的重要參考「市場調查」(Market Survey)（簡稱市調或民調），對企業非常重要。市場調查比較偏重在行銷管理領域。但實務上，除了行銷市場調查外，還有「產業調查」，也就是針對整個產業或特定某個行業所進行的調查研究工作。本章所介紹的市場調查，將比較偏重及運用在行銷管理與策略管理領域。

那麼市調的重要性到底在哪裡？簡單來說，市調就是提供公司高階經理人作為「行銷決策」參考之用。那「行銷決策」又是什麼？舉凡與行銷或業務行為相關的任何重要決策，包括售價決策、通路決策、OEM 大客戶決策、產品上市決策、包裝改變決策、品牌決策、售後服務決策、公益活動決策、保證決策、配送物流決策及消費者購買行為等，均在此範圍內，由市場調查所得到科學化的數據，就是「消費決策」的重要依據。

一、市場調查應掌握的原則

市場調查為求其數據資料的有效性及可用性，必須掌握下列四項原則：

（一）**真實性**：亦即正確性。市調從研究設計、問卷設計、執行及統計分析等均應審慎從事，全程追蹤。另外，針對結果，也不能作假，或是報喜不報憂，蒙蔽討好上級長官。

（二）**比較性**：指與自己及競爭者做比較。市調必須做到比較性，才會看出自己的進退狀況。因此，市調內容必須有自己與競爭者的比較，以及自己現在與過去的比較。

（三）**連續性**：市調應具有長期連續性，定期做、持續做，才能隨時發現問題，不斷解決問題，甚至成為創新點子的來源。

（四）**一致性**：如果是相同的市調主題，其問卷內容，每一次應儘量一致，才能與歷次做比較對照與分析。

二、問卷量化調查的方式

屬於定量調查的問卷調查方法，大概依不同的需求與進行方式，可以區分為直接面談調查法、留置問卷填寫法、郵寄調查法、電話訪問調查法、集體問卷填寫法、電腦網路調查法六種方法。詳細內容及其優缺點比較，請見右圖解說。

三、定性質化調查的方式

為了尋求質化的調查，不適宜用大量樣本的電話訪問或問卷訪問，而須改採面對面的個別或團體的焦點訪談方式，才能取得消費者心中的真正想法、看法、需求與認知。而這不是在電話中可以立即回答的。

定量（量化）調查方式

1.直接面談調查法

> **內容：** 調查員以個別面談的方式問問題。
> **優點：** 可確認回答者是不是本人，以及其回答內容的精確度。
> **缺點：** 成本花費高。

2.留置問卷填寫法

> **內容：** 調查員將問卷交給對方，過幾天訪問時再收回。
> **優點：** 調查對象多的時候有效。
> **缺點：** 不知道回答者是不是受訪者。

3.郵寄調查法

> **內容：** 基本上以郵件發送，以回郵方式回答。
> **優點：** 調查對象為分散的狀況有效。
> **缺點：** 回收率不佳（5%左右），缺乏代表性。

4.電話訪問調查法

> **內容：** 調查員以打電話的方式問問題。
> **優點：** 很快就知道答案，費用便宜，可適用於全國性。
> **缺點：** 侷限於問題的數量與深入內涵。

5.集體問卷填寫法

> **內容：** 將調查對象集合在一起，進行問卷調查。
> **優點：** 可確認回答者是不是本人，以及其回答內容的精確度。
> **缺點：** 成本花費高。

6.電腦網路調查法

> **內容：** 對電腦通信，網際網路上不特定的人選，以公開討論等方式實施進行。
> **優點：** 成本便宜，速度快。
> **缺點：** 關於電腦狂熱分子之類的傾向者，其答案不可當作一般常態性，易造成特殊的回答。

定性（質化）調查方式

定性調查法

→ 1.室內一對一深入訪談法

→ 2.室內焦點團體討論會議（FGI或FGD）

→ 3.到零售店定點訪談法

→ 4.到消費者家庭去觀察他們的生活進行及談話了解

→ 5.到消費現場實地去觀察、思考、分析及訪談

市調內容九大類別

1.市場規模大小及潛力研究調查；2.產品調查；3.競爭市場調查；4.消費者購買行為研究調查；5.廣告及促銷市調；6.顧客滿意度調查；7.銷售研究調查；8.通路研究調查，以及9.行銷環境變化研究調查。

3-2 顧客滿意度的調查方法及其注意要點

　　一般來說，顧客滿意度的調查方法，比較常用的有下列五種方法；而調查時也有其應注意的要點。

一、顧客滿意度調查方法

　　（一）**問卷填寫調查法**：問卷填寫調查法是最傳統的調查法，又可區分為三種方式來執行：一是室內填寫法；二是郵寄填寫法；三是街上訪問填寫法。

　　（二）**電話訪問法**：電話訪問法是利用打電話到家中或行動電話上的調查訪問法；比較容易大量接觸消費群母體的方法。包括針對既有的會員顧客群、針對外部一般社會大眾、針對外部特定消費族群三個面向。

　　（三）**焦點團體座談會**：焦點團體座談會 (Focus Group Interview，FGI；Focus Group Discussion, FGD) 是一種小型的、深度的、質化的一種消費者意見表達的調查方法；每一場座談會不超過十個人，但可以充分表達意見與看法。

　　（四）**網路調查法**：隨著網路的普及化、網路消費購買的持續擴增，以及網路消費者的不斷成長，使得廠商透過網路問卷方式，進行簡易調查法，已成為一種趨勢。主要優點是快速及成本較低。

　　（五）**其他調查方法**：除上述四種主要市場調查或顧客滿意度調查方法之外，廠商也有下列至少四種的其他調查方法，一是客服中心的每日來電意見紀錄。二是到第一線去做現場觀察與訪談，也稱為「實地調查」(Field Survey)。三是來自業務員彙集的資訊情報。四是來自下游通路商的資訊情報。

二、顧客滿意調查注意要點

　　（一）**關於顧客滿意度的把握**：原則上包括下列五種，一是對顧客滿意度及顧客期待、競爭對手滿意度的相對評價。二是對總合滿意度的重視。三是潛在顧客及競爭對手顧客為對象。四是對定點觀測的重視。五是對資料填寫的重視。其中總合滿意度的定義為，對環境中可區分因子滿意的總合。如愉悅感的滿意度便是一種整體性感覺，會因在不同的時間及地點而有明顯差別，而且依照使用者當時的心情、年齡、體驗等情況而定，且與使用者之偏好及事前的期望有關。

　　（二）**顧客滿意調查的方向**：調查的方向主要有二，一是考量市調的巨觀及微觀性；一是最高經營者的理解及參與。

　　（三）**顧客滿意調查 Know-How 的導入**：可藉助外部專業單位及人員在這方面的專業知識，予以活用在公司對顧客滿意度之調查。

　　（四）**顧客滿意調查結果的活用**：公司經由上述的調查方法及注意事項所得到的顧客滿意資料，應由全公司活用，才不會白白浪費人力、物力、財力。

顧客滿意度調查及要點

滿意度調查方法

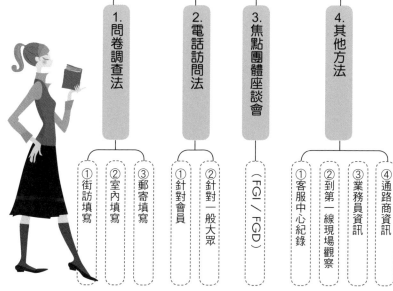

1. 問卷調查法
   - ① 街訪填寫
   - ② 室內填寫
   - ③ 郵寄填寫

2. 電話訪問法
   - ① 針對會員
   - ② 針對一般大眾

3. 焦點團體座談會
   - （FGI／FGD）

4. 其他方法
   - ① 客服中心紀錄
   - ② 到第一線現場觀察
   - ③ 業務員資訊
   - ④ 通路商資訊

5. 網路調查法（線上調查法）

顧客滿意調查注意要點

1. 關於顧客滿意度的把握

① 對顧客滿意度及顧客期待、競爭對手滿意度的相對評價
② 對總合滿意度的重視
③ 潛在顧客及競爭對手顧客為對象
④ 對定點觀測的重視
⑤ 對資料填寫的重視

2. 顧客滿意調查的方向

⑥ 考量市場調查的巨觀及微觀性
⑦ 最高經營者的理解及參與

3. 顧客滿意調查 Know-How 的導入

⑧ 外部專業單位及人員的活用

4. 顧客滿意調查結果的活用

⑨ 顧客滿意資料的全公司活用

3-3 顧客滿意度調查的步驟及項目

　　對顧客滿意度調查的步驟，大致可歸納為下列五個程序；然而調查項目，卻沒有一定的制式標準，主要原因在於行業性的不同。

　　如果將業別單單區分為製造業與服務業，就有些不同的設計，倘再依屬性細分業別，調查項目更是不同，因此本文僅以現今最熱門的網購業為例，說明顧客滿意調查可能包括哪些調查項目，以供參考。

一、顧客滿意度調查的步驟

　　（一）**市場調查的設計規劃**：包括下列五種，1.是針對委外市調公司的選定；2.是調查費用預算的估算及同意；3.是調查時程表、期限的了解及估計；4.是調查方法的分析與確定；5.是調查在統計使用軟體的了解。

　　（二）**問卷的設計與做成**：包括下列兩種，一是問卷大綱初步的討論及研訂；二是問卷細部內容設計的研訂及討論與修正定案完成。

　　（三）**市調的展開執行**：細部問卷內容完成後，經過測試並最後修正後，即可正式進行較大規模的落實執行。

　　（四）**提出統計、歸納及分析報告**：問卷執行完成後，即可進行輸入統計、歸納及撰寫分析報告。

　　（五）**結果簡報及活用**：首先將市調結果向上級長官或高階主管提出總結報告或簡報，以及對公司各種營運面的相關建議與對策。另外，必須將此資訊與資料數據及整份報告內容，上傳至公司相關知識庫，讓此資訊為公司共有化查詢與了解；讓大家有此資訊情報，並加以採取使用與活用。

二、顧客滿意度調查的項目

　　對顧客滿意度調查的項目，以製造業及服務業區分來看，就有些不同的設計項目；再來，各行業別的不同，其項目內容也有很大的不同。例如，大飯店、航空公司、餐飲業、金融業、3C產品業、遊樂業、百貨公司、速食業、大賣場、3C賣場、電視業、食品飲料業等都有不同調查項目的內容重點，很難有一個標準化固定通用的項目。

　　如果對現在比較常使用的網購業來說，其顧客滿意度調查的針對項目，可能至少包括對產品的滿意度（產品品質、產品多元化）、對價格的滿意度、對送貨速度的滿意度、對促銷活動的滿意度、對網頁資訊系統操作流程設計的滿意度、對客戶服務查詢回覆的滿意度、對結帳方式的滿意度、對退貨方式的滿意度、對整體感受的滿意度等九種。這些調查項目及其內容的設計，都要從 5W/3H/1E 思考點出發，才能切入要點。

顧客滿意度調查的步驟

```
1.市場調查        2.問卷的        3.市調        4.提出統計、      5.結果
  的設計          設計與        的展開        歸納及          報告及
  規劃            做成          執行          分析報告        活用
```

①委外市調公司的選定
②調查費用
③調查時程表
④調查方法
⑤統計使用軟體

①總結報告與建議撰寫
②舉行簡報會議
③資訊、資料的共有化
④將此資訊加以靈活使用

顧客滿意度調查的項目參考

① 對產品與服務的評價
　①品質　②價格
　③交期　④營業員

② 對技術的評價
　①技術的支援狀況
　②新產品開發狀況

③ 對通路商的評價

④ 總合評價

顧客滿意度調查的5W/3H/1E思考

① Who：調查的對象是誰		
② When：何時應調查		
③ What：調查哪些項目內容	5W	
④ Why：為何要調查此項目		
⑤ Where：調查哪些地區		
⑥ How to Do：如何調查、調查方法		
⑦ How Much：要花多少錢調查	3H	
⑧ How Long：要調查多久		
⑨ Effectiveness：調查結果的效益為何	1E	

什麼是神祕客？台灣檢驗科技公司（SGS）專案經理林居宏表示，神祕客查核是在現場員工不知情的情況下，由查核員扮演一般消費者，依照業者提供的制式檢查表，對公司提供的服務品質落實查核，並且提供親身感受服務後的滿意度報告。

一、什麼人可以成為神祕客？

究竟什麼樣的人可以成為神祕客？林居宏表示，以 SGS 為例，近幾年來在全台培訓了約五十位取得認證的神祕客。從為數不多的神祕客可以了解，想當一位神祕客，並不是一件容易的事。首先，身為一位合格的神祕客須有十年以上的工作經驗，以及一定的生活品味。其次，至少須具備包括富正義感、樂於助人、細心、完美主義等四項人格特質。

除此之外，尚且必須參加為期三天，總時數超過 24 小時的培訓課程。

二、神祕客對企業的功能

每個月，SGS 都會接到企業提出神祕客稽核的需求。他指出，對服務業來說，神祕客查核有積極面和消極面。積極面的目的是改善營運，例如了解客戶對公司提供服務的滿意度；希望藉由有經驗的專業稽核員於查核的過程中，以消費者的觀點提出需要改善的建議；在消極面，則是了解員工是否落實公司的服務規範；並讓現場服務員工能在日常工作中，保有一定的警覺性。

三、神祕客的執行

林居宏表示，企業邀請神祕客時，必須提供考核項目，內容多元，平均約二、三十項，神祕客要用細膩的觀察力，將考核項目記在心裡。例如考核便利商店，從進門時店員有無問好、燈光夠不夠充足、食物排列是否適宜、到結帳離開等過程約 10 分鐘，他需要將考核的問題記在心裡，在現場快速檢視後，用電腦打字，填寫長達二、三十頁的查核報告書，回覆的內容更要鞭辟入裡。

對外，神祕客是一種考核，深入企業會發現，它代表的是企業的服務品質及教育訓練是否落實。林居宏指出，許多公司邀請神祕客前往考核服務水準，卻說不出考核事項，只能提出約略的綱要，例如服務熱忱、微笑等，但這些都是很主觀的感受，「怎麼樣的寒暄是及格的，必須要有服務標準作業流程。我們會要求他們提供服務標準書，將所有的服務規範寫得清清楚楚。」

有些企業因此才發現，原來公司的制度是不完善的，於是派人到 SGS 參加相關課程，了解服務流程，撰寫適合公司的服務標準書。

什麼是神祕客？

| 1.公司自己派出假扮顧客 | 2.公司委託專業單位派出假扮顧客 |

神祕客（專業訓練）

①自己門市店專櫃　②加盟店　③零售賣場　④經銷店　⑤自己營業場所

展開服務品質調查，並回報

神祕客的資格

想要取得合格的神祕客資格，必須參加為期三天，總時數超過24小時的培訓課程。課程內容相當多元，在專業部分，包括服務業品質管理、神祕客查核技巧、計畫編製、查檢表製作等；另外，須具備普通職能，包括電腦中打及文字表達能力等。

神祕客的功能

神祕客 2 大功能

1.積極面

①了解各第一線門市店對顧客的服務品質
②提出對公司各項改善建議
③做好對第一線從業人員保持適當壓力與警覺性

2.消極面

①了解第一線從業人員是否都遵守公司所制定的標準作業準則（SOP）
②作為員工考核的指標之一

3-5　服務業消費者洞察

「消費者洞察」(Consumer Insight) 是近幾年來崛起的行銷名詞，要做到真正有效的顧客導向，須針對目標消費者各種現況及潛在需求等，加以深入挖掘、洞察、分析思考後，才能獲得消費者的真相。

一、什麼是消費者洞察？

(一) 將需求轉化成行動：行銷策略不只是要研究消費者行為，而是要找出底下所隱藏的動機。而消費者洞察就是連結動機與商品之間的化學鍵，是將「需求」轉換成「行動」的關鍵點。

(二) 注重消費者的內心：深入探索消費者的內心世界，再拼湊出消費者的想法與需求，也是消費者洞察的要項。

(三) 需求的內在意涵：指消費者的心理需求，是為滿足內心缺少的一部分。

(四) 洞察在於挑起欲望：消費者洞察是與消費者溝通的鉤子，目的是在勾起消費者的欲望，勾住消費者的心。

(五) 產品力是最後的勝負關鍵：廣告再迷人，最後勝負關鍵，仍在產品力。好的產品，解決使用者問題，創造便利；而問題的核心，正是消費者洞察。所以，產品力就是消費者洞察。產品力愈強愈貼心，愈容易被消費者接受。

二、如何成為洞察高手？

(一) 切入共同渴望

想引起市場的共鳴，最好的方法仍是抓住人類基本天性 (Human Basic Nature)，切入人性共同的渴望。例如：Evian 礦泉水拿在手上，就多了幾分時尚感；LV 背在身上，就多了幾分名牌尊榮感；Levi's 牛仔褲穿在身上，就多了幾分叛逆感。

(二) 善用調查工具

為了找出捉摸不定的消費者洞察，行銷企劃人員需要一套邏輯性的思考方式，一個合理的調查工具來幫助判斷。善用調查工具，可以提升決策的精準度，包括：

1. 一般使用焦點團體訪談 (FGI 或 FGD)。
2. 家庭居家式陪同生活與觀察分析
3. 在賣場後面跟隨消費者的購買行為而觀察分析。
4. 大樣本電話訪問的統計結果與數據的思考及分析。
5. 累積及建立一套幾千人、幾萬人以上的「消費者動機」模式工具，調查範圍包括各種媒體工具、品類、品牌、消費者型態等。
6. E-ICP（東方消費者行銷資料庫）所累積的消費者資料庫。
7. 徵詢第一線的業務員、專櫃小姐、店員意見，了解顧客的需求是什麼。
8. 量化及質化調查，必須以市調資料及深度訪談，印證假設，找到解決方案。

P&G的消費者洞見來源五種作法

全球最大日用品P&G公司對消費者洞見依據來源來培養基礎

 ① AGB尼爾森的零售通路實地調查資料庫的分析及整理

 ② P&G公司對消費者固定樣本所提供的消費意見反應資料與數據分析

 ③ 每年度委外進行的消費者購買行為調查報告內容與發現

 ④ 每年度對自己與競爭品牌資產追蹤調查報告（委外）

 ⑤ 其他無數大大小小的市調及民調報告所累積與呈現出來的數據資料與質化資料

如何了解消費者需求

了解、洞察、掌握

① 網路問卷調查

② 電話問卷訪問調查

③ 焦點團體座談（FGI／FGD）

④ 第一線銷售人員座談會或問卷調查（門市店長、經銷店、專櫃人員、公司銷售人員等）

⑤ 全國經銷商、批發商問卷調查

⑥ 大型連鎖零售商採購進貨人員電話訪談調查

⑦ POS資料（銷售零售據點資訊系統資料）

⑧ 國內外專業雜誌報導、報紙報導與產業調查報告

⑨ 國外當地參訪考察、參展

如何了解及洞察消費者需求？

蒐集顧客意見的方法

1.銷售資料及其他次級資料（例如：POS的即時銷售資料結果等）

2.調查蒐集

①郵寄問卷或家庭留置問卷。②人員訪談（小組座談討論法，即Focus Group Interview，簡稱FGI，或一對一訪問）。③電話問卷訪談。④傳真機回覆。⑤網際網路（E-mail、網友俱樂部、網路民調）。⑥家庭訪談及家庭親身觀察生活及需求；此亦稱居家生活調查。⑦到店頭、賣場、門市店等第一線蒐集情報；亦稱到現場觀察及詢問消費者各種問題。⑧通路商、經銷商、代理商的意見提供。

3.其他方法蒐集

①店面內意見表填寫。②0800免費電話（客服中心）。③員工提供意見。④店經理人員對顧客的觀察／應對。⑤喬裝顧客（由本公司派人或委託外界企管顧問公司喬裝調查，簡稱喬裝客，是服務業監控服務品質常用的作法）。⑥督導監視人員（區域經理、區域主管、區域顧問）。⑦國外資料情報或出版刊物之意見上網蒐集參考。

服務業「顧客意見表」實務案例參考

一、陶板屋餐廳顧客滿意度填表內容

您好：
您的建議，我們在意，
○○○會努力做得更好，
謝謝您的支持！

請在選項內　畫記⊠　　　桌號_____　　　___月___日

1. 請問您這是第一次到○○○用餐嗎？
   □是（請跳到第3題）　　□否

2. 請問您最近半年總共到○○○用餐幾次？（含本次）
   □1次　□2次　□3次　□4次　□5次以上

3. 請問您是如何知道本店？（可複選）
   □以前來過　□媒體報導　□網路資訊
   □親友介紹　□廣告文宣　□路過
   □簡訊　　　□其他_____

4. 請問您今天到陶板屋用餐的目的是？（單選）
   □家庭聚餐　□朋友聚餐　□商務聚餐
   □結婚紀念　□約會　□慶生
   □其他_____

5. 請問您個人今天點的主餐是？（單選）
   □香蒜瓦片牛肉　　□陶板香煎牛肉　　□青蔬鮮烤牛肉
   □陶板羊肉　　　　□嫩煎豚排　　　　□陶板魴魚
   □陶板雞　　　　　□陶板海陸

6. 您今天用餐後的感覺是……（單選）

	非常滿意	滿意	普通	差	很差
主餐	☐	☐	☐	☐	☐
前菜	☐	☐	☐	☐	☐
沙拉	☐	☐	☐	☐	☐
湯類	☐	☐	☐	☐	☐
飯糰	☐	☐	☐	☐	☐
甜點	☐	☐	☐	☐	☐
飲料	☐	☐	☐	☐	☐
服務	☐	☐	☐	☐	☐
整潔	☐	☐	☐	☐	☐

7. 您認為本店最吸引人的兩項特色是？（複選）

☐菜色多樣化　　　☐服務好　　☐價格合理　　　☐好吃
☐氣氛好　　　　　☐其他_____

8. 請問您會不會介紹朋友來本店用餐？

☐會　　　　　　　☐不會

9. 請問您對本店或服務人員的建議是……

_____
_____
_____
_____
_____
_____

姓　　名：_____　☐男　　　☐女
（本人親簽）

年　　齡：☐19歲以下　☐20~24歲　☐25~29歲　☐30~34歲
　　　　　☐35~39歲　☐40~44歲　☐45~49歲　☐50歲以上

生　　日：____月____日　　結婚紀念日：____月____日

電　　話：（手機）_____　(H)_____

（資料來源：王品餐飲公司）

二、新光三越百貨公司

顧客意見表

您好，謝謝光臨新光三越百貨公司，為提供您更加舒適的購物環境與提升本公司的服務品質，如果您有任何寶貴的意見，敬請告訴我們。

一、您的意見是屬於：
　　1.□硬體設備　　　2.□商品
　　3.□服務品質　　　4.□其他

二、發生時間、地點：
　　1.時間：_____月_____日_____時_____分
　　2.地點：_____（樓）_____（專櫃／地點）
　　3.服務人員姓名或特徵：_____

三、整件經過或建議：
　　_____
　　_____
　　_____
　　_____
　　_____
　　_____

謝謝您提供寶貴的意見，我們將立即處理及改進，為能儘速向您回覆，敬請留下您的資料：

顧客姓名		電話	(O) (H)
地址			

再次感謝您的寶貴意見，若您需要其他服務，請電免付費服務專線：0800-008801，我們竭誠為您服務。

NO：　　　受理日期：　　月　　日　　受理人：

（資料來源：新光三越百貨公司）

親愛的顧客　您好：

　　當您拿起這一張卡片時，我們已經感受到您對玉山銀行的關心，非常謝謝您！因為有您的意見，玉山才會不斷的進步。

請表達您對本行服務的滿意程度：

	甚佳	佳	普通	差	甚差
• 您覺得我們的服務態度	☐	☐	☐	☐	☐
• 您覺得我們的作業效率	☐	☐	☐	☐	☐
• 您使用本行自動化服務的感覺	☐	☐	☐	☐	☐
• 您覺得我們的電話禮貌及應對	☐	☐	☐	☐	☐
• 您對本行整體服務的滿意度	☐	☐	☐	☐	☐

歡迎您提供更多其他的意見
_____
_____
_____
_____
_____
_____
_____
_____

如果方便的話，請填寫以下資料，好讓我們把改進情形告訴您！再一次謝謝您！

姓名：　　　　　　　　主要往來分行 / 分公司：_____
電話：_____　e-mail：_____
顧客申訴專線：(02)2175-1313#8900
傳真專線：(02)2545-5513

（資料來源：玉山銀行）

旅客資料

姓名＿＿＿＿＿＿＿＿＿　電話＿＿＿＿＿＿＿＿＿　傳真＿＿＿＿＿＿＿＿＿

地址＿＿＿＿＿＿＿＿＿＿＿＿＿　E-mail＿＿＿＿＿＿＿＿＿＿＿＿

日期＿＿＿＿＿＿　搭乘班次＿＿＿＿　座位編號＿＿＿＿＿　艙等＿＿＿＿

請您就以下服務項目，勾選您的滿意程度：

✈ 訂位服務
　□滿意　□普通　□不滿意
　＿＿＿＿＿＿＿＿＿＿＿＿＿＿＿＿

✈ 票務服務
　□滿意　□普通　□不滿意
　＿＿＿＿＿＿＿＿＿＿＿＿＿＿＿＿

✈ 機場櫃檯服務
　□滿意　□普通　□不滿意
　＿＿＿＿＿＿＿＿＿＿＿＿＿＿＿＿

✈ 空中服務
　□滿意　□普通　□不滿意
　＿＿＿＿＿＿＿＿＿＿＿＿＿＿＿＿

✈ 空中視聽服務
　□滿意　□普通　□不滿意

✈ 餐飲服務
　□滿意　□普通　□不滿意
　＿＿＿＿＿＿＿＿＿＿＿＿＿＿＿＿

✈ 機長廣播服務
　□滿意　□普通　□不滿意
　＿＿＿＿＿＿＿＿＿＿＿＿＿＿＿＿

✈ 空服廣播服務
　□滿意　□普通　□不滿意
　＿＿＿＿＿＿＿＿＿＿＿＿＿＿＿＿

✈ 客艙設備
　□滿意　□普通　□不滿意
　＿＿＿＿＿＿＿＿＿＿＿＿＿＿＿＿

✈ 客艙清潔
　□滿意　□普通　□不滿意
　＿＿＿＿＿＿＿＿＿＿＿＿＿＿＿＿

✈ 發行技術
　□滿意　□普通　□不滿意

✈ 準點率
　□滿意　□普通　□不滿意
　＿＿＿＿＿＿＿＿＿＿＿＿＿＿＿＿

可改善服務之提議或其他意見

＿＿＿＿＿＿＿＿＿＿＿＿＿＿＿＿＿＿＿＿＿＿＿＿＿＿＿＿＿＿＿＿＿＿

＿＿＿＿＿＿＿＿＿＿＿＿＿＿＿＿＿＿＿＿＿＿＿＿＿＿＿＿＿＿＿＿＿＿

＿＿＿＿＿＿＿＿＿＿＿＿＿＿＿＿＿＿＿＿＿＿＿＿＿＿＿＿＿＿＿＿＿＿

（資料來源：復興航空公司）

第4章
服務業行銷環境情報蒐集、分析以及新商機

社會愈先進，變化愈多端，各種文化、社會、技術革新等此起彼落的競爭條件，深深影響消費者的購買選擇。因此行銷環境的任何變化，對廠商來說，都會帶來非常重大的改變及影響。於是各大廠商都有專人研究及分析行銷環境，問題是要如何進行才能確切了解市場？正確的環境情報蒐集則是首要關鍵。

一、廠商為什麼要蒐集行銷環境情報

廠商為何要如此重視及蒐集行銷環境情報，主要有三項原因：

(一) 了解及滿足顧客的需求，進而提供合適的產品及服務。

(二) 確定競爭致勝的行銷戰略是什麼。

(三) 發掘新商機，並避免潛在威脅。

二、檢視內外部環境的變化

如前所述，企業要不斷檢視並監控內外部環境的變化及趨勢。基本上，企業對外部環境的檢視有以下五種：

(一) 市場分析 (Marketing Analysis)。

(二) 消費者分析 (Consumer Analysis)。

(三) 競爭者分析 (Competitor Analysis)。

(四) 自身公司分析 (Company Analysis)。

(五) 國外先進公司、產業、市場與第一品牌公司的發展分析。

其中 (二) ～ (四) 項均有 C 字在前頭，故習慣稱為必要的「3C 分析」。

三、3C 環境的分析

企業對 3C 環境的分析，除對主要品牌及競爭對手的優劣勢進行分析外，也要對主要目標客層或全體消費者在近年來與未來的可能改變有所洞察。當然公司自身的優劣勢在改變中，對內部自身環境也必須及時掌握並了解。

(一) **競爭者分析**：分析競爭者優勢、劣勢何在：1. 經營戰略為何？2. 行銷戰略為何？3. 市占率為何？4. 經營資源（人力、物力、財力）為何？5. 技術研發力為何？6. 廣告力為何？7. 品牌力為何？8. 銷售力為何？以及 9. 其他等。

(二) **顧客分析**：對目標顧客族群需徹底了解及洞察：1. 購買人口及規模；2. 購買層、購買對象；3. 購買地點及購買時機；4. 購買動機；5. 購買滿意度；6. 購買決策因素；7. 購買力；8. 購買需求，以及 9. 購買量。

(三) **自身公司分析**：分析企業內部環境的優劣勢何在：1. 經營戰略為何？2. 行銷戰略為何？3. 市占率為何？4. 經營資源（人力、物力、財力）為何？5. 技術研發力為何？6. 廣告力為何？7. 品牌力為何？8. 銷售力為何？以及 9. 其他等。

行銷情報與內外環境分析

服務業蒐集行銷環境情報的原因

客戶需求的變化

文化、社會、技術革新、競爭等條件

行銷環境變化

為何企業不可缺乏行銷情報

(1) 了解並滿足顧客需求變化、價值內涵，進而提供合適的產品及服務。

(2) 確定競爭致勝的行銷戰略是什麼。

(3) 發掘商機並避免威脅。

企業內部各種情報資訊

企業外部各種情報資訊

服務業內外部環境變化分析

(1) 市場分析

(5) 國外先進國家、先進公司第一品牌發展分析

環境分析

(2) 消費者分析

(4) 自身公司條件分析

(3) 競爭對手分析

4-2 12 種環境新商機

　　各種行銷環境的改變，其中隱含的正是一股商機。誰能先洞察先機並掌握，誰就贏在起跑點上。最近行銷環境的變化及其所帶來的新商機，可說是熱鬧繽紛，相當具有市場性，茲整理歸納如下，以供行銷人員改革創新之用。

　　(一) 科技環境的改變：近幾年來，在資訊科技、網際網路、無線數位、能源、面板、電機等科技領域的急速突破下，為廠商帶來了不少新商機，包括從iPod、數位相機、到小筆電、iPhone、液晶高畫質電視機、電動汽車、電動自行車、電子書、YouTube、Twitter、Facebook、Google、網路購物及 iPad 平板電腦、line、穿戴式產品、手機結帳等均屬之。

　　(二) 經濟景氣低迷時：景氣低迷，平價、低價產品當道。統一超商的 City Café、85 度 C 咖啡平價蛋糕、日本 UNIQLO 平價服飾、家樂福低價自有品牌產品、低價吃到飽餐廳、山寨手機、廉價航空等都大受歡迎。

　　(三) 人口環境的變化：少子化，使父母親更願意為子女付出高代價，例如：才藝班、資優班、童裝、私立小學等。人口老年化，也使得銀髮族商機升高。

　　(四) 健康環境的變化：由於中年以上的上班族重視吃得健康，因此低糖、低鹽、低油、低脂肪的食品也在市面上出現。另外有機產品的經營也有起色。

　　(五) 宅經濟環境的變化：面對上百萬的年輕宅男、宅女族的出現，一些宅商品亦相應崛起，例如：線上遊戲、網路購物、社群網站、宅配運送業者。

　　(六) 單身男女環境的變化：目前 30-35 歲未婚女性比例高達兩成多，36-40 歲未婚女性比例亦有一成，這些熟齡單身的女性日漸增多，其經濟能力獨立，是市場費主力，包括買房、出國旅遊、買精品、吃好穿好等，都是明顯的行銷對象。

　　(七) 外食環境的變化：由於年輕或結婚女性工作忙碌，加上做飯經驗不夠豐富，外食的機會增多，因此，中餐、西餐、速食、簡餐及便當等商機增加不少。

　　(八) 旅遊環境的變化：國內外旅遊始終是一般人喜愛的活動，因此，網路服務旅遊業及旅行服務業的生意始終不錯。加上開放大陸客觀光每年湧進幾百萬人，為國內大飯店、旅館、夜市、運輸業、地方特色產業等帶來很大商機。

　　(九) 節能減碳環境的變化：在全球節能減碳風潮下，汽車業、日光燈業、自行車業等，也都紛紛推出更具減碳、節約能源的新型產品，帶動新需求。

　　(十) 便利環境的變化：便利需求一直是消費者所需要的。因此，未來在創造購物便利的連鎖加盟業及大型購物中心、便利超市、超商等仍會持續成長。

　　(十一) 促銷環境的變化：因應景氣低迷、保守消費下，唯有透過主題式促銷活動，才會把顧客吸引到店裡。因此，各式各樣的促銷將成為必要且是日常工作。

　　(十二) 美麗環境的變化：追求外貌美麗仍是絕大多數女性的終身追求及希望。因此，化妝保養品及整形醫療，及女裝服飾、女性配件等，也是不會衰退的行業。

環境變化與商機

12種環境變化

(1) 科技環境改變	(7) 外食環境變化
(2) 景氣低迷變化	(8) 旅遊環境變化
(3) 人口環境變化	(9) 節能減碳環境變化
(4) 健康環境變化	(10) 便利環境變化
(5) 宅經濟環境變化	(11) 促銷環境變化
(6) 單身男女環境變化	(12) 美麗環境變化

因應環境變化，帶來的新商機

(1) 觀光旅遊大幅成長

(2) 4G 電話服務

(3) 行動手機支付服務

(13) 連鎖店的便利化

因應環境變化，帶來的新商機

(4) 智慧型手機

(12) 宅配物流業

(5) 高畫質 (4K) 液晶電視機

(11) 網路購物及行動購物

(6) 低糖、低脂、低鹽、低油健康食品與飲料

(10) 單身、熟女、一人份包裝之產品

(7) 抗老化、美白的保養品

(9) 平價、低價訴求的各行各業

(8) 銀髮族商機

049

　　7-11 是國內最大的便利商店連鎖店，它的目標就是要成為大家生活中不可或缺的方便好鄰居。前總經理徐重仁曾說過：「經營事業要走超競爭，不要太過於在意別人做些什麼、大環境怎麼不好。不斷學習，吸收創新的養分，眼前永遠有機會。」正是因其如此善於洞察環境變化所帶來的新商機，7-11 在不景氣環境中，仍能保持領先地位，其成熟又創新的行銷手法，值得業界借鏡參考。

(一) 推出 City Café

　　以平價、24 小時供應，便利外帶為產品訴求，並以桂綸鎂為代言人，目前供應店數已普及近 4,800 家店，每年銷售杯數超過 2 億，平均以 40 元計算，創造年營收額達 80 億元，足以媲美實體據點的咖啡連鎖店業績。

(二) 推出「7-Select」自有品牌

　　在經濟景氣低迷與低價當道的時代環境中，統一超商也大力推出飲料、零食、泡麵等近 280 項的自有品牌商品，以低於其他產品價格 10%~20% 為主力訴求，受到消費者的歡迎。

(三) 推出優惠早中晚餐組合價

　　為搶食近 2,000 億的「外食市場」，統一超商也以促銷價 39 元或 49 元推出早餐優惠組合價，使三明治業績成長一倍。另外，也不斷更新鮮食便當口味，目前每年銷售 9,000 多萬個便當，創造 60 多億元營收額。

(四) 推出 open 小將周邊商品

　　統一超商強力塑造 open 小將虛擬玩偶及公仔人物，並開發出周邊產品，例如：玩具、配件服務、零食、文具等生活用品，每年帶進 10 億元的業績。

(五) 推出 ibon 平臺

　　在 ibon 平臺上，可以下載職棒門票、藝文表演及演唱會門票，也能下載音樂、列印東西、繳費、購買電影票、高鐵車票等，應用範圍十分廣泛。目前每天約有 30 萬人次在使用 ibon，已比過去成長一倍以上，預計未來使用族群將更多。

(六) 推出 icash 卡

　　統一超商自 2004 年 12 月發行第一張 icash 卡之後，至今發行量已超過 700 萬張，加上實用的紅利點數，已逐漸讓消費者養成使用 icash 卡購物的習慣，以及擁有忠實顧客。

(七) 推出餐食座位區，提高鮮食便當業績。

(八) 革新各種鮮食便當、小火鍋、麵食。

(九) 推出霜淇淋。

(十) 推出小包裝蔬菜、水果。

7-11的成功經驗

7-11洞察環境變化，成功推出新產品及新服務

①
推出
City Café

②
推出
餐飲座位

③
革新各式便當、
小火鍋、麵食、
冷凍食品

⑧
推出 i-cash
紅利點數卡

7-11成功洞察新商機

④
推出
霜淇淋

⑦
推出低價
7-Select
自有品牌

⑥
革新 ibon
內容服務

⑤
推出小包裝
蔬菜、水果

經營事業要走超競爭路線

7-11

不必在意大環境不好！

不必在意競爭對手做了什麼！

永遠思考：
顧客需要什麼！
顧客有了什麼改變！

創新應變！
學習應變！

永遠存在
好商機！

051

　　在企業實務上，到底有哪些具體、可行或經常採取的方法，來蒐集內外部環境變化及發展趨勢，進而發掘市場商機之型態，並洞察其機會點以因應呢？

　　檢視內外部環境變化及趨勢，大致有以下七項作法；而洞察市場的機會點，也同時有五項方向。

　　這七項作法，每一項都非常重要，很多大企業或優良企業在這些方面都做得很好，所以才會有卓越良好的經營成績。當一個公司、一個部門或一個人，無法掌握內外部環境時，就無法提出具有及時性的行銷策略，以因應時下市場的需求。檢視內外部環境變化及趨勢的七項作法如下：

一、專責編制

　　須有專責的單位、人力及費用編制，專心做好此事，並定期提出分析及對策報告。

二、定期蒐集國內外已發布的次級資料情報

　　如 1. 報紙；2. 雜誌；3. 期刊；4. 專刊／特刊；5. 研究報告；6. 年報；7. 書籍；8. 官網；以及 9.DM 等。

三、赴國外參訪

　　到第一品牌公司、優良代表性公司參訪，或市場考察。

四、赴國外參展

　　如到國際性的大型展覽會參展。

五、市場調查

　　委外或自行做市調及民調：1. 電話訪問；2. 焦點座談 (FGI、FGD)；3. 家庭訪問、填問卷；4. 街訪、路訪；5. 店頭服務、經銷商訪問；6. 一對一專家訪問；7. 網路調查；8. 網路專屬會員調查；9. 家庭生活貼身觀察，以及 10. 大賣場貼身跟隨觀察等。

六、內外部營運數據分析

　　須對內外部各種營運數據，做資料統計及 POS 資料分析。

七、委託專家研究

　　委託學者、專家做專案式或主題式的研究報告。

檢視環境變化作法與資料蒐集

檢視外部環境變化及趨勢的七項作法

抓住趨勢與變化！

7. 委託學者、專家的專案研究報告！

6. 內外部營運數據的分析！

5. 舉辦各種市場調查，獲取消費者行為變化！

4. 赴國外參展及參觀！

3. 赴國外先進國家參訪！

2. 定期蒐集國內外已發布各種資訊情報！

1. 專責／專人編制負責！

次級資料情報來源蒐集

NEWS

(1) 上網蒐集 (國內外各種網路)

(9) 專業期刊

(2) 專業報紙

(8) 專刊／專業研究報告 (付費)

(3) 專業雜誌

環境情報來源蒐集

(7) 上市櫃公司年報及每月訊息發布

(4) 財經／商管書報雜誌

(6) 政府出版品

(5) 專書

在經過前述各種 3C 分析之後，接下來就是大家所熟悉的 SWOT 分析了。
SWOT 分析意指：

S：Strength；優勢，本公司的強項在哪裡？

W：Weakness；劣勢，本公司的弱項在哪裡？

O：Opportunity；機會，本公司的商機在哪裡？

T：Threat：威脅，本公司的潛在威脅在哪裡？

然後，在 SWOT 交叉分析下，公司可以採取四種可能的對策，包括 1. 積極
攻勢，或 2. 差別化，或 3. 階段性對策，或 4. 防守、撤退對策等四種行銷策略及
大方向。

企業在經過 SWOT 分析之後，大致會出現四種情況及其可能採取的策略如
下所述：

一、攻勢策略

當外在機會多於威脅，以及企業內部資源條件優勢多於劣勢時，企業可以大
膽採取攻勢策略 (Offensive Strategy) 展開行動。

例如：統一超商在 SWOT 分析之後，認為公司連鎖經營管理經驗豐富，而
咖啡連鎖商機及藥妝連鎖商機愈來愈顯著，進入時機到了。因此，就轉投資成立
統一星巴克公司及康是美公司，目前已經營運有成。或是現在網購公司正處於高
成長期，均可採取攻勢策略。

二、退守策略

當外在機會少而威脅大，以及企業內部資源條件優勢漸失，而呈現劣勢時，
企業就可能必須採取退守策略 (Retreat Strategy)。

例如：臺灣桌上型電腦營運條件優勢已漸失，因此必須轉向筆記型電腦及平
板電腦的高階產品，而放棄生產桌上型電腦。

三、穩定策略

當外在機會少而威脅增大，但企業仍有內在資源優勢，則企業可採取穩定策
略 (Stable Strategy)，力求守住現有成果，並等待時機做新發展。

例如：中華電信公司面對三家民營固網公司強力競爭之威脅，但中華電信既
有資源優勢仍相當充裕，遠優於三大固網公司之有限資源。

四、防禦策略

當外在機會大於威脅，而公司內部資源優勢卻少於劣勢，則企業應採取防禦
策略 (Defensive Strategy)。

服務業SWOT對策與成功案例

服務業SWOT分析

→SW分析：本公司的優劣勢分析
→OT分析：本公司機會／威脅分析

	S（優勢）	W（劣勢）
O（機會）	(1)············ (2)············ (3)············	(1)············ (2)············ (3)············
T（威脅）	(1)············ (2)············ (3)············	(1)············ (2)············ (3)············

SWOT分析下的四大對策

	S（優勢）	W（劣勢）
O（機會）	・攻勢策略 ・搶占市場	・防禦策略
T（威脅）	・穩定策略	・退守策略

攻勢策略成功案例

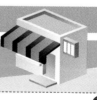

S.O
（公司有優勢，且商機已到）

EX：7-11：持續加速擴店，已突破 5,050 家店了！

EX：王品餐飲：已突破 12 個餐飲品牌了！

EX：富邦 momo：搶進網路購物事業，已進入前 2 大！

EX：UNIQLO 在臺：全臺已展店 50 家了！且引進 GU 副品牌服飾店！

4-6 行銷環境新商機案例 (Part 1)

案例 1. 國賓飯店推出新品牌飯店，命名「amba」，搶攻年輕客層

國賓飯店集團旗下全新飯店品牌已確定命名為「amba」，立足市場近 50年的國賓飯店集團藉此全新品牌爭取新世代客層青睞，進而以多元品牌策略來滿足不同市場需求。

首家「amba Hotel」位在臺北西門町武昌街，為國賓飯店集團向誠品集團承租，斥資 3 億元打造，共有 162 間客房與二個特色主題餐廳。客房定價自 6,600元到 9,200 元不等，惟實際年均售價在 3,200 元至 3,500 元間。正式營運後的首年目標住房率在 75% 至 80%。法人初估，新飯店每年可望為國賓新增 2 億元營收。

「amba」取自國賓飯店英文名「AMBASSADOR」的前四個字母，為了塑造年輕活力的品牌形象，故採小寫英文字母。新飯店定位為「兼具文創氣質與舒適自在的新世代潮牌飯店」。為了跳脫傳統觀光飯店給人的刻板印象，國賓飯店集團除請到年輕設計團隊規劃新空間與設施，更首度從集團外部延攬專業行銷團隊建立企業識別系統與品牌文化。（資料來源：工商時報）

案例 2. 超商車拼，搶攻 2,000 億元外食商機

看好外食市場 2,000 億元的龐大商機，7-ELEVEN 又下新戰帖，首度推出「組合餐」，從 59 元起跳，且首創設有專門菜單提供點餐服務，加上門市設有座位區，統一超商內部預估將可帶動正餐業績大幅成長三成。對此，全家已全面應戰，以上百種餐點品項搭配超值飲品半價優惠，國內兩大便利商店，全臺地區總計約 1 萬家的連鎖店，隨即捲入新一波超殺的組合餐大戰中。

統一超商表示，三年前 7-ELEVEN 提出「Food store」概念，開發多元食品，且曾推出買主食加購飲料只要 10 元的行銷策略，把鮮食的營收占比不斷往上推升，如今已達到總營收的 16%，例如 1 至 7 月不含咖啡的鮮食營收已突破上百億元；此次，首度以餐飲連鎖店概念，推出組合套餐，午、晚餐的時段，主食搭配飲料，只要 59 元、69 元，挾著八成五的門市都設有座位的市場優勢，消費者可以坐在位子上點餐，可望帶來不錯的業績成長。

面對如此強大的勁敵，全家也馬上推出歷年最大規模的行銷優惠應戰，全臺 2,800 多家的連鎖店，提供包括 114 種餐點及 15 種飲料多元混合搭配，全家表示，主餐超值配，指定主餐搭配指定飲料只要半價，此優惠活動帶動店裡頗多的業績，據統計，店內購買鮮食餐點的消費者，有超過四成會選擇超值組合。因此，全家也從即日起，全面擴大商品組合，飲品折扣最低七折起，期能力拼統一超商。（資料來源：經濟日報）

國賓飯店與超商雙雄搶商機

國賓飯店推出新品牌飯店

五星級國賓飯店

為搶占年輕客層來台旅遊觀光商機

在西門町推出「amba」新品牌商業旅館

擴大營收與獲利！

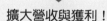

飯店多品牌策略

超商搶攻2,000億外食新商機

2,000 億龐大外食新商機！

① 擴大餐飲座位區的門市店！

 ② 加速開發多款新餐食！

 ③ 搭配飲料組合的優惠價格，吸引買氣！

④ 廣告、海報配合宣傳！

案例 3. 陸客自由行，土洋大飯店積極擴點搶商機

　　陸客自由行上路，國內飯店業面臨國際觀光客由日客轉為陸客的「洗牌潮」，引發國內外國際飯店加速卡位，包括日系大倉飯店、港系文華東方酒店、美系Holiday Inn（假日飯店），以及寒舍國際酒店，甚至晶華酒店地下免稅店也收回改為麗晶精品，陸續進駐或是擴點，積極搶攻每年 50~60 億元新增陸客商機。

　　國際飯店看好臺灣觀光業市場，形成土洋飯店卡位榮景。近一年來，信義區新增 W 飯店和寒舍艾美酒店後，寒舍集團更計畫在同一區設立比寒舍艾美價位低的寒舍國際酒店，已在 2014 年完工。未來信義計畫區是君悅大飯店、寒舍集團和太子建設百分之百投資的 W 飯店鼎立。

　　除了東區信義區外，被飯店業稱為「西區幫」飯店，以晶華酒店為首，已有包括日系大倉飯店在南京東路和中山北路交叉口營業，另有君品酒店，及老字號老爺、國賓和喜來登大飯店。

　　飯店業者表示，在臺北深坑和臺中都有據點的 Holiday Inn，也計畫在臺北市擴點。而臺北市 5 星級飯店還有港系生力軍文華東方酒店，已於 2014 年開幕，在中泰賓館原址營業。（資料來源：經濟日報）

 案例 4. 全家便利商店搶「一人份」商機，小巧出擊

　　全家便利商店觀察，曾影響日本經濟生態的「一人樣」獨處消費模式也在臺灣成形，未來商品規劃及門市服務也朝這方向發展。

　　全家便利商店表示，「一人樣」名詞最早出現於日本，由於少子化、高齡化及單身化，再加上現代人生活忙碌，就算是已婚或有男女朋友的人，一天中多數時間還是處於個人狀態，這些人對於便利商店有較深的倚賴，根據市場調查，全臺約有 400 萬「一人樣」。

　　全家便利商店為貼近「一人樣」，未來會擴大個人化服務內容，例如增加一人份調理食品、多種代辦、代收服務等。

　　最早透過自有品牌推出個人化商品的 7-ELEVEN，與一線大廠合作，針對個別需求，除了商品價格優惠外，也推出一系列小包裝零嘴、常溫調理包及冷凍食品。萊爾富則以小包裝零售及小瓶裝飲品，來吸引單身族群。(資料來源：工商時報)

陸客與一人份經濟效應

大陸觀光客大量來臺，5星級大飯店積極拓點

外人來臺，
觀光客突破 1,000 萬人
(2015 年)

陸客來臺，
每年超過 300 萬人

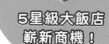

5星級大飯店
嶄新商機！

① 文華東方大酒店

② 日系大倉飯店

③ 寒舍艾美酒店

④ W 大飯店

⑤ 君品大飯店

059

👉 一人份經濟新商機

少子化
老年化

單身一人化

估計：
400 萬一人份
市場潛力！

便利商店積極開發
「一人樣」、「一
人份」各式食品及
飲料！

Date _____/_____/_____

第 5 章
服務業 S-T-P 架構分析

何謂 S-T-P 架構分析三部曲

一、S-T-P 架構分析有三部曲，說明如下：

(一) 分析區隔市場：簡稱 S (Segment Market)，進行順序如下：先明確市場區隔或分眾市場在哪裡？再切入利基市場，例如：熟女市場、大學市場、老年人市場、貴婦市場、上班族市場、熟男市場、電影市場、名牌精品市場、健康食品市場、幼教市場、豪宅市場等。區隔市場切入角度包括：

1. 從人口統計變數切入（性別、年齡、所得、學歷、職業、家庭）。
2. 從心理變數切入（價值觀、生活觀、消費觀）。
3. 從品類市場切入（比如：茶飲料、水果飲料、機能飲料等）。
4. 從多品牌別切入市場。
5. 從價位高低切入市場。

然後評估區隔市場的規模或產值有多大。

(二) 鎖定目標客層：簡稱 T(Target Audience, TA)，即先鎖定、瞄準更精準及更聚焦的目標客層、目標消費群，再來詳述目標客層的輪廓 (Profile) 是什麼，例如：他們是一群什麼樣的人、有何特色、有何偏好、有何需求等。

(三) 產品定位：簡稱 P(Positioning)，即我們的產品、品牌及服務是定位在哪裡，讓大家印象鮮明，並與競爭產品有些差異化。

二、S-T-P 架構案例解析

案例　統一超商 City Café 咖啡的 S-T-P 架構分析

(一) 區隔市場 (Segmentation)

尋求便利、24小時供應、平價，且外帶型的咖啡外食市場。

(二) 鎖定目標客層 (Target Audience)

鎖定白領上班族、女性為主，男性為輔，25-40 歲，一般所得者，喜愛每天喝一杯咖啡。

(三) 產品定位 (Product Positioning)

1. 整個城市都是我的咖啡館。
2. 平價、便利、外帶型的優質咖啡。
3. 便利商店優質好喝的咖啡。
4. 現代、流行、外帶的優質超商咖啡。

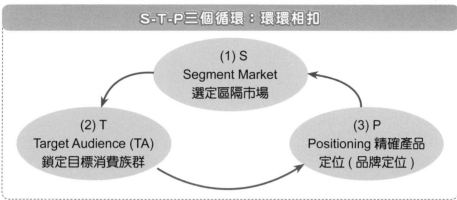

S-T-P循環與區隔市場切入變數

S-T-P三個循環：環環相扣

(1) S
Segment Market
選定區隔市場

(2) T
Target Audience (TA)
鎖定目標消費族群

(3) P
Positioning 精確產品
定位 (品牌定位)

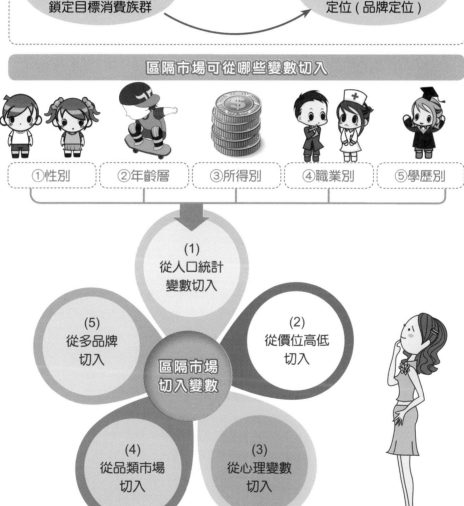

區隔市場可從哪些變數切入

①性別　②年齡層　③所得別　④職業別　⑤學歷別

區隔市場
切入變數

(1)
從人口統計
變數切入

(2)
從價位高低
切入

(3)
從心理變數
切入

(4)
從品類市場
切入

(5)
從多品牌
切入

為什麼要做 S-T-P 架構分析

企業行銷人員為何要做 S-T-P 架構分析呢？主要有以下幾個原因：

一、從「大眾市場」走向「分眾市場」

由於大眾消費者的所得水準、消費能力、個人偏愛與需求、生活價值觀、年齡層、家庭結構、個性與物質、生活型態、職業工作性質等都有很大不同，因此演變形成了分眾市場。而分眾市場的意涵，等同區隔市場及鎖定目標族群之意。因此，必須先做好分眾市場的確立及分析。

二、有助於研訂行銷 4P 操作

在確立市場區隔、目標客層及產品定位後，行銷人員在操作行銷 4P 活動時，即能比較精準設計相對應於 S-T-P 架構的產品 (Product)、通路 (Place)、定價 (Price) 及推廣 (Promotion) 等四項細節內容。

三、有助於競爭優勢的建立

行銷要致勝，當然要找出自身特色及競爭優勢之所在，並不斷強化及建立這些行銷競爭優勢。因此，在 S-T-P 架構確立後，企業行銷人員即會知道建立哪些優勢項目，才能滿足 S-T-P 架構，並從此架構中勝出。

四、建立自己的行銷特色，與競爭對手有所區隔

S-T-P 架構中的產品定位，即在尋求與競爭對手有所不同、有所差異化，而且有自己獨特的特色及定位，然後才能在消費者心目中得到突出效果。

 案例　全聯福利中心的 S-T-P 架構分析

(一) 區隔市場 (Segmentation)

 尋求以最低價為訴求的超市為區隔市場。

(二) 鎖定目標客層 (Target Audience, TA)
全客層、家庭主婦、上班族、男性、女性兼之，且對低價格產品敏感者。

(三) 產品定位 (Product Positioning)
1. 實在真便宜。
2. 全國最低價的社區型超市。
3. 低價超市的第一品牌。

分析S-T-P架構強化行銷

為什麼要做S-T-P架構分析

(1) 確立分眾市場在哪裡！

為何要做
S-T-P分析

(3) 有助於競爭優勢的建立！

(2) 建立自己的行銷特色，與競爭對手有所區隔！

(4) 有助於後續行銷4P 訂定策略！

S-T-P分析與行銷4P 關聯

- 顧客導向
- 市場導向

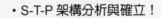

- S-T-P 架構分析與確立！

- 行銷 4P 策略相呼應！

065

1. 產品策略

2. 定價策略

3. 通路策略

4. 推廣策略

5. 服務策略

5-3　區隔變數有哪些

前文提到「市場」應該會被「區隔化」(Segmentation)，「顧客客層」(Customer Target) 也會被區隔化，如此我們才能在整體大市場中，打贏「區隔戰」。因此，區隔變數有哪些呢？一般最常用的衡量方法有下列幾種，茲說明如下。

一、人口統計變數

依照：1. 性別；2. 年齡層；3. 教育程度；4. 所得水準；5. 職業別；6. 家庭結構；7. 宗教，以及 8. 國際等為區隔變數。例如：TOYOTA 高級車 LEXUS（凌志）市場，是豐田的高價車區隔市場，而其目標客層，可能是 40 歲以上年齡層、高所得、高級主管職業別、男性居多，以及學歷偏高等特色為主的消費族群。

二、行為變數

依照消費者出現的各種不同行為變數而加以區分，例如：行為保守、謹慎、內向型，或是開放、豪邁、外向、奔放、運動陽光，或是喜歡做出某種行為而與眾不同的；例如：某消費者喜歡週末假日外出全家旅遊，其購車偏好可能就會選擇休旅車，而不會是一般房車，因為喜歡外出旅遊的嗜好就是他的行為變數。

三、心理變數

有些人喜歡尊榮、名氣、愛炫耀，因此這些人成為 LV、DIOR、PRADA、GUCCI、CHANEL、HERMES 等名牌愛購者。另外，也有一群人是平凡生活、平凡個性、平凡價值觀與平凡心理的顧客層，其消費行為就與前述人不同，在建立區隔化市場及目標客群時，會有顯著的差異。

四、地理變數

這種變數通常是發生在偏遠遼闊國家，因為地理區域太大，而自然形成不同的市場區隔及目標客層。例如：美國東部紐約、美國西部的洛杉磯、美國南部的亞特蘭大或東北部的芝加哥，都有不同的市場區隔化及其不同的產品需求。

五、M 型社會下的價格變數

由於 M 型社會來臨，價格成為兩極化，因此，高價及平價的區隔市場也漸形成，而成為主流。例如：王品餐飲集團的 12 個品牌，即是以不同的高、中、低價位，而區隔出不同口味的餐飲區隔市場。

綜上所述得知，企業長期戰略的構建，需透過五光十色的產業表層，從社會結構的變動中，發現長期趨勢所孕育的戰略機會，這才是一個更加堅實的基點。

目標市場設定與品牌區隔

TA（目標市場／目標客層）怎麼設定

7. 其他別
- 宗教
- 國籍
- 地理

1. 性別
- 男性市場
- 女性市場

2. 年齡層
- 嬰兒1-3歲
- 兒童4-6歲
- 小學生7-12歲
- 國高中生13-18歲
- 大學生19-22歲
- 年輕上班族22-30歲
- 上班族25-39歲
- 熟女、熟男35-49歲
- 中年人50-65歲
- 老年人銀髮族65歲以上

6. 家庭結構別
- 單身
- 夫妻
- 三代同堂
- 單親
- 夫妻子女

TA
〈人口統計變數〉

5. 所得層
- 低所得（月薪3萬元以下）
- 中低所得3-5萬元
- 中高所得5-10萬元
- 高所得10-20萬元
- 極高所得20萬元以上

4. 工作性質
- 白領工作
- 藍領工作
- 專技人員
- 店老闆
- 高階主管

3. 學歷
- 國中
- 高中、專科
- 大學
- 研究所

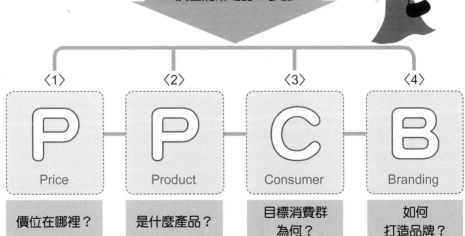

王品餐飲：P-P-C-B模式4大步驟

王品創設任何新品牌
及區隔市場的 4 步驟

〈1〉 〈2〉 〈3〉 〈4〉

P	P	C	B
Price	Product	Consumer	Branding
價位在哪裡？	是什麼產品？	目標消費群為何？	如何打造品牌？

一、什麼是「定位」

簡單說，就是「你站在哪裡？你的位置與空間在哪裡？哪裡應該才是你對的位置？在那個位置上，消費者對你有何印象？有何知覺？有何認知？有何評價？有何口碑？他們又記住了你是什麼？聯想到你是什麼？以及他們一有這方面的需求，就會想到你，沒錯！」

因此，定位是行銷人員重要的思維與抉擇任務，一定要做到：「正確選擇它、占住它，形成特色，讓人家牢牢記住它是什麼。」

二、成功定位的案例

我們可以舉這些年成功定位的企業案例，由於他們成功的「定位」，因此營運績效卓越優良。這些可為人稱讚的企業案例，行銷定位如下：1. 統一超商：以「便利」為定位成功；2. 全聯福利中心：「實在真便宜」、「真正最便宜」；3. 蘋果日報：「社會性新聞、綜藝性新聞、特殊編輯手法、圖片式新聞、篇幅頁數最多、紙質最佳、新聞內容最差異化」；4. 85℃咖啡：5 星級蛋糕師傅做的高質感好吃蛋糕，但卻平價供應；5. 太平洋 SOGO 百貨忠孝店及復興店：高級百貨公司及位址佳；6. 君悅、晶華、W 大飯店、寒舍艾美酒店及文華東方大飯店：高級大飯店；7.Happy Go 紅利集點卡：遠東集團九家關係企業加上千家異業結盟的跨異業紅利集點便利回饋消費者；8. 林鳳營鮮奶：高品質、濃醇香；9. 臺北 101 購物中心：銷售國外名牌精品的精品百貨公司；10. 石二鍋：平價200 元小火鍋。

三、產品定位的方法

一般行銷產品定位，採取所謂的概念式圖示法 (Conceptual Map)，即找出影響或決定定位最重要的至少二或三個特質、特色、差異化所在以及獨特銷售賣點 (Unique Sales Point, USP)。

（一）找出最重要的定位特質或特色：一定要找出最重要的定位特質或特色，這些特質、特色、差異化所在或獨特銷售賣點等，可以包括 1. 物質面；2. 心理面；3. 心靈面；4. 身體面；5. 價值觀面；6. 人生觀面；7. 流行觀面，以及 8. 其他面向等。

（二）具體的特質或特色：以具體項目的特質或特色來說，可以包括 1. 價格；2. 裝潢；3. 食材；4. 原物料；5. 功能；6. 手工打造；7. 設計風格；8. 地點；9. 便利性；10. 產品多元性或一站購足效率；11. 品牌性；12. 專屬服務；13. 速度；14. 人員素質；15. 安全；16. 樂活健康；17. 製程；18. 品質等級；19. 配合度；20. 現場製作；21. 美白抗老，以及 22. 與其他事項等。

企業定位意義與案例

臺北市信義商圈各百貨公司定位發展概況

百貨	年營收	客層定位
新光三越20個館	800億元	全客層
BELLAVITA	30億元	貴婦名媛
誠品生活	80億元	菁英上班族
統一阪急	50億元	女性上班族
臺北101購物中心	突破百億	中國與國際觀光客
微風百貨	150億元	娛樂餐飲族群
ATT 4 FUN	35億元	年輕娛樂族群

資料來源：工商時報

晶華國際大飯店旗下四家大飯店品牌定位與特色

飯店品牌	平均房價	定位／特色	營運據點
1.晶華	250美元以上	・豪華頂級，國際首選之超5星級旅館 ・目標客群為國際商旅與觀光客 ・大型宴會廳，完整的餐飲選項	・臺灣—臺北
2.麗晶	300美元以上	・超豪華頂級、超5星級旅館 ・目標客群為國際商旅與觀光客	・營運中：臺北、北京、新加坡、柏林、法國—波爾多、克羅埃西亞—札格洛夫、特克斯群島
3.晶英	200美元	・城市首選之5星級旅館 ・建築規劃與室內設計融入當地特色，為當地精緻文化的代表 ・目標客群為國際與本地商旅和觀光客	・營運中：宜蘭、太魯閣、臺南 ・籌建中：高雄
4.捷絲旅	100美元以下	・位熱鬧商圈，交通便利近捷運 ・改裝現有建築物，室內裝潢具簡約設計感 ・目標客群為區域型商旅	・營運中：臺北西門町、林森南路、高雄、花蓮

069

定位的意義／意涵

任何產品／任何品牌！ ➡ 都必需「定位」清楚！ ➡ ・您的位置在哪裡？
・您是什麼？
・您代表及象徵什麼？
・讓人家聯想到什麼？
・您的特色是什麼？ ➡ ・消費者才會認識您、想到您、喜歡您、記住您！

依國內行銷顧問專家黃福瑞的分析，他認為對目標市場商機及其可獲利性評估，應考量下列六點因素：

(一) 目標市場競爭對手多寡？是否存在不公平競爭（如漏開發票、仿冒盜版品充斥）？同業是否以價格戰為主要策略？是否充斥誇大不實的宣傳與廣告？

目標市場若有以下特性，競爭激烈，毛利率較低，除非公司擅長成本控制或行銷業務能力優於同業，能夠衝高營業額，提高週轉率，否則獲利不易。

1. 高固定成本或產品服務不耐久，如航空業。

2. 同業勢均力敵、廝殺激烈、如 PC、筆記型電腦及手機製造業。

3. 行業成熟且增長速度緩慢，如農產品產業。

4. 產品無差異性且轉換成本低，如無特色的早餐店、一般餐飲業。

5. 退出市場障礙大，即使大多數廠商無法獲利，仍然苦撐待變，冀望競爭對手資金不濟倒閉，結果是價格割喉戰不斷上演，如 3C、家電等連鎖零售業。

(二) 目標市場的客戶消費特性是價格導向？或重視附加價值與服務品質？

1. 客戶量少或單一客戶購買量大，如沃爾瑪、家樂福等量販通路市場。

2. 客戶具有垂直整合能力，如大型通路的自有品牌消費品或小家電、自有品牌製造業者。

3. 客戶面對沉重的利潤壓力，因此相對壓縮上游供應商的獲利空間，如國內 PC 製造商及代工業者，每年都會面臨國際大廠降低成本的壓力。

(三) 目標市場的供應來源是否被寡占或壟斷？主要供應商經營者是否具備上下游共存共榮的經營理念？平行輸入（俗稱水貨）與原廠代理商競爭？

1. 產品獨特且成本高，如英特爾 CPU 限制 PC 相關產業獲利。

2. 具寡占特性，如液晶顯示器產業受限於上游面板供貨廠商的產量及價格。

3. 上游供應商缺乏共同分攤風險的經營理念。

4. 水貨充斥，低價打擊原廠代理產品。

(四) 潛在競爭對手、新市場進入者是否正在成形？產業進入障礙是否太低，造成心競爭對手很容易加入？產業退出障礙是否很高，造成競爭對手退出不易？

(五) 新技術及替代產品業者是否正在成形，即將侵蝕現有目標市場及產品？

(六) 目標市場內互補性產品業者是否健全發展？

區隔市場與目標市場評估要素

區隔市場評估分析可行性五大要素

(1)競爭性要素
大不大？

(6)市場結構性
是如何？

(2)市場潛力規模
夠不夠大？

區隔市場
Target
Market

(5)市場的獲利性
大或小？

(3)市場未來前景性
是否成長？

(4)自身公司是否
有競爭優勢？

對目標市場商機必須考量因素

① 競爭者多不多？是否會有降價戰？進入門檻高不高？

② 目標市場內的消費者特性及特質如何？是價格或價值導向？

③ 上游供貨來源是否自由順暢或被控制？供貨價格是否也被操控？

目標區隔市場可行嗎？

④ 潛在競爭對手是否很容易進來？競爭過於激烈，大家不易賺錢？

⑤ 新科技及新替代品、替代服務變化很大嗎？

⑥ 目標市場內的互補性產品業者是否健全發展？

5-6 如何找出服務市場利基

　　尋找市場利基，首要的目標應該是找出哪些可以由公司主導。為了達成這個目標，公司必須採取下面這兩個步驟：

一、步驟一：蒐集並分析相關資訊

　　（一）評估內部的能力：深入檢視公司的每個功能區域，然後橫跨這些功能評估內部的流程、技術、人員專長、設備、提供的服務、成本結構、回應顧客需求的能力等諸如此類的項目。關鍵在於，找出有哪些能力在面對競爭是獨一無二且出類拔萃的。

　　（二）找出潛在的服務市場：市場是由一群試圖履行特定功能的顧客所組成。當顧客的需求、買方、採購準則和流程、提供產品或服務的類型，以及競爭態勢的組合有所改變時，就知道自己已經跨越市場了。

　　（三）找出顧客群：在每個市場中，按照不同的需求、態度、行為和所採用的接觸管道，區隔顧客族群。假使公司已經在服務某些顧客群，也可決定目前用來服務各個族群的成本。

　　（四）找出並勾勒競爭對手的特徵：在每個市場中，要找出競爭對手目前所處的地位、方向、所提供的服務、能力和獨具的特長。

　　（五）研判未達成的顧客需求：在每個顧客群中，確定顧客的需求屬於完全達成、部分達成、未達成，或未知（隱然成形）。

二、步驟二：找出優先順序並選擇機會

　　（一）找出賺錢的機會：尋找有下列現象的區域。

1. 公司獨特的能力；
2. 競爭對手較弱；
3. 顧客的需求照顧得不夠或正隱然成形。

　　（二）找出交集：在上述三個區域的交集處，即可找到高度可行的機會。

　　（三）發展替代專注策略以主導市場利基：嘗試有哪些組合能讓公司主導某些利基。關鍵在於：這些策略不應該是各類顧問機構和學術團體經常推動的普遍策略，或是製造業公司經常運用的普遍策略。對服務業公司而言，這些策略過度簡化了議題，會讓業者誤以為採行這些普遍的策略，就能贏得長久的市場領先地位。這些普遍策略包括：

1. 卓越的營運績效、與顧客的親密關係或產品的領導地位。
2. 領導者、挑戰者、追隨者或利基追求者。
3. 創新者、無心領先者、模仿者或落後者。

服務市場利基的發掘與切入

如何找出服務市場利基

步驟 1

蒐集並分析相關資訊

1. 評估內部自我能力
2. 找出潛在的服務市場
3. 找出顧客群
4. 找出並分析競爭對手的特色
5. 研判未達成的顧客需求

步驟 2

找出優先順序，並選擇機會

1. 找出賺錢的機會
2. 找出交集
3. 發展替代專注策略以主導市場利基

切入服務利基市場評估

(1) 分析競爭對手如何？

切入服務利基市場評估

(2) 分析消費者是否有被滿足的需求？

(5) 最後鎖定目標市場！

(4) 分析自我競爭能力如何？

(3) 分析是否有市場空間潛力？

案例 1. 產品定位——全臺最貴飯店「日勝生加賀屋」溫泉旅館開始營運，基本房價 15,000 元起跳

由日本加賀屋與日勝生集團合作興建的「日勝生加賀屋國際溫泉飯店」，基本房價 15,000 元起跳，躍為全臺灣最貴的住宿飯店。2010 年 12 月起試營運，12 月 18 日開幕，11 月起接受訂房預約，試營運期間五五折優惠。

業者表示，新旅館花四年、斥資 23 億元打造，從建築到餐具、備品，以及女將、風呂與料理服務，都複製加賀屋文化，要帶給臺灣客人純日式美學體驗。

全館 14 層樓，由日本建築大師山本勝昭規劃，並以日本石川傳統工藝美術品裝飾，如輪島漆、九谷燒與加賀友禪等，有 90 間客房，基本房 24,000 元起，最高級「特別室」12 萬元。試營運標準套房優惠價 13,200 元，開幕住房專案從 2010 年 12 月 18 日至 2011 年 1 月 31 日優惠價 14,200 元起。（資料來源：工商時報）

案例 2. 捷絲旅平價旅館：定位在「平價消費、奢華依舊」

平價風暴襲臺，由 5 星級飯店晶華酒店投資的「捷絲旅」平價旅館，其總經理陳月鳳表示，首家西門店創下開業半年營收破 5,000 萬元佳績。

陳月鳳表示，平價旅館的成功策略說起來簡單，但實際執行起來卻很困難；房價便宜很容易，但要讓房間有格調卻很困難。

她指出，經營平價旅館最重要的就是地點，其次則是要掌握特定的客層，再來就是提供客戶想要的需求。

案例 3. 定位策略—— City'super 高檔超市

標榜精緻生活的香港超市 city'super，在遠企開幕，也走生活風格路線的新加坡超市品牌 JASONS，進駐了臺北 101 大樓與天母高島屋百貨。

走進超級市場，映入眼簾的，不再只是屏東黑金剛蓮霧、東港的黑鮪魚和臺東池上的米，而是來自日本鹿兒島的甜橙、瑞典的傳統餅乾、紐西蘭的天然乳酪、德國的香腸，應有盡有。遠企購物中心地下樓的 City'super，其中生活用品費盡心思，先拿蔬果還是先買乾貨，都是學問。

北投加賀屋的日本體驗

服務業定位案例

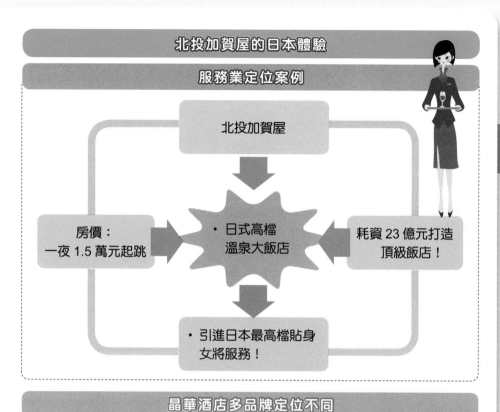

北投加賀屋

房價：
一夜 1.5 萬元起跳

・日式高檔
溫泉大飯店

耗資 23 億元打造
頂級飯店！

・引進日本最高檔貼身
女將服務！

晶華酒店多品牌定位不同

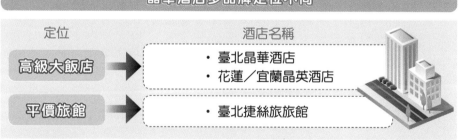

定位	酒店名稱
高級大飯店	・臺北晶華酒店 ・花蓮／宜蘭晶英酒店
平價旅館	・臺北捷絲旅旅館

超市定位圖

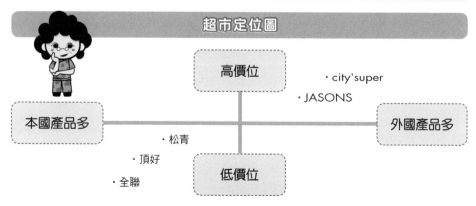

高價位

・city'super
・JASONS

本國產品多

外國產品多

・松青

・頂好

・全聯

低價位

Date _____/_____/_____

第 6 章
顧客滿意經營是什麼？

顧客滿意經營的全體架構與經營要素

　　由於時代潮流的變化、環境的變遷，市場已趨近成熟，市場的主導權由原來的賣方市場一變而為買方市場的顧客手中，怎樣才能使顧客滿意是企業永續的關鍵，企業的經營目的亦應把顧客滿意度列為最高目的。

　　顧客滿意經營是把企業最終目的排在「使顧客滿意之上」，站在顧客立場、顧客優先、提高顧客滿意為目標，謀求賣出滿意給顧客，博取對公司忠心顧客，成為永久固定顧客，繼續不斷購用本公司的產品與服務，企業才能永續。

一、顧客滿意經營發展的背景

　　顧客滿意 (Customer Satisfaction, CS) 經營發展的背景，包括下列三大因素：

　　（一）**顧客是戰略性議題**：將顧客滿意經營放在企業經營真正戰略性優先地位的時代已經來臨。而「顧客」議題，其實就是「戰略性」議題，應該把顧客放在戰略性層次來看待。

　　（二）**建立與顧客的長期關係**：現代的經營，必須把「與顧客長期安定關係」及「提高顧客高附加價值」兩者加以雙重重視。

　　（三）**回到顧客滿意原點去思考**：在面對今天高度競爭時代中，企業經營的根本，應該「回到顧客滿意原點」加以深度思考。

　　以上三點重要因素，促成了「顧客滿意經營」發展的關鍵背景。

二、顧客滿意經營的結構要素

　　全方位的顧客滿意經營面向，主要有下列六大結構面向要素：

　　（一）**經營理念與願景**：包括顧客導向的實踐。

　　（二）**戰略**：行銷五大基本要素，包括產品戰略 (Product)、定價戰略 (Price)、通路戰略 (Place)、推廣戰略 (Promotion)，以及服務戰略 (Service)。在這五大戰略領域，必須確保它的競爭優勢及優越性才行。

　　（三）**提升顧客價值**：企業應從各種領域，努力、不斷的設法提升顧客所能體會到的價值，使其感到物有所值及物超所值。

　　（四）**與顧客關係建立及保持**：企業應持續性 (Sustain) 維繫並保持其顧客的良好互動關係。

　　（五）**顧客滿意經營展開的工作與組織能力**：包括全面品質控管、領導、權限下授、抱怨處理、效率化、對顧客滿意重視的企業文化、情報共有化，以及其他等各項具體工作。

　　（六）**支撐的工作**：包括對顧客滿意的重視，以及對顧客滿意度資料庫的加以活用等兩項的支撐工作。

顧客滿意經營發展的背景

顧客滿意經營的最適手法

顧客滿意經營的
最適手法

1. 放置在企業經營真正的戰略性優先地位的時代

2. 與顧客長期安定關係及與顧客高附加價值的雙重重視

3. 在高度競爭時代中，應回到顧客滿意的原點上思考

顧客滿意經營的要素

1. 經營理念與願景
（顧客導向實踐）

3. 顧客價值
顧客滿意（CS）

2. 戰略：行銷 4 大基本要素

① 產品（Product）

② 定價（Price）

③ 通路（Place）

④ 推廣（Promotion）── 優位性確保

4. 與顧客的關係
建立及保持

顧客

4. 與顧客的關係
建立及保持

5.CS 經營展開的工作與組織能力

① 全面品質控管

② 領導

③ 權限下授

④ 抱怨處理

⑤ 效率化

⑥ 對顧客滿意重視的文化

⑦ 情報共有化

⑧ 其他

6. 支撐的工作

① 對顧客滿意的重視

② 顧客滿意度資料庫的活用

研究調查發現，顧客滿意與公司獲利、股價及績效成正相關，許多學者因而建議將顧客滿意度納入企業品質管理的一部分。企業也從善如流，從1990年代開始，很多企業將顧客滿意度納入發展策略中，並強調顧客導向的經營方針。以往企業認為，唯有第一線的服務人員才需要奉行「顧客至上」的觀念，但是現今顧客滿意已經逐漸跨越部門的隔閡，成為全體員工的共識。

一、顧客滿意與品質觀念

達成顧客滿意的重要觀念，其實就是品質 (Quality) 兩個字。企業對顧客所提供的產品與服務，若其品質水準達到或超越顧客所期待時，則顧客滿意度就會高。因此，高品質水準是企業必需關注及在意的。

二、「顧客滿意」是企業全體員工共同努力後的成果

顧客滿意與否，主要是針對企業所提供的產品與服務品質水準綜合性感受之結果。

但是，這個背後，卻是依靠著企業的技術能力、行銷業務組織、製造能力、員工教育水準、經營團隊的領導、企業正確的經營理念、企業願景戰略、各項作業的 SOP、會員經營、商品開發，以及幕僚單位的支援協助等。公司全面向與全體部門及員工都必需共同努力後，才能得到高顧客滿意的結果及成果。絕對不是某個單一部門或仰賴服務部門就可以。

三、建立「顧客的信賴」是顧客滿意經營的核心關鍵

真正的顧客滿意經營，其核心本質點，一言以蔽之，即是在於建立顧客對我們的信賴、對企業品牌的信賴。而要建立顧客的信賴，則必須由全體部門真正實踐「顧客導向」經營，不管在產品力與服務力，都要貫徹落實以站在顧客立場，實踐顧客美好感受體驗的結果。因此，「信賴」是企業經營的根基。

四、業績提升、顧客信賴與 CS 經營三角互動關係

談到企業整體經營重點，最主要有如右圖所示的三角互動關係。這三個支撐支柱，包括顧客滿意經營、顧客信賴，以及業績提升。

如果能夠做到 CS 經營，則顧客必會對企業產生信賴感，以及企業的業績也會得到提升，這些都是正面循環。

如果企業業績能夠提升、獲得利潤，則更能投資更多的人力、物力及財力在企業各種硬體及軟體上，那麼企業顧客滿意經營也會更加增強，這也是有利的正面循環。同樣的，如果做好顧客對企業的信賴，則 CS 經營及企業的業績，也會更容易達成。

顧客滿意與品質觀念

品質水準 → 產品高品質 / 服務高品質 → 顧客高滿意！

顧客滿意經營是企業全體員工共同努力

顧客滿意（CS）經營的責任

① 研發技術
② 商業設計
③ 零組件採購
④ 製造生產
⑤ 品管
⑥ 倉儲物流配送
⑦ 行銷廣告
⑧ 業務銷售
⑨ 客戶服務
⑩ 門市店經營
⑪ 各幕僚單位

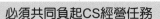

必須共同負起CS經營任務

團隊能力與努力，才能打造出高顧客滿意度

👉 **顧客滿意（CS）經營點（Point）**

顧客滿意經營（CS 經營）

業績提升

建立顧客對我們的信賴

👉 **信賴是企業生存的根本**

顧客信賴

⬇

企業生存根本！

⬇

CS經營的核心點！

顧客滿意經營的扮演者面向關係，如右圖所示，大致有三點，茲說明之。

一、企業與第一線人員之間

這是一種內部雙向的關聯，簡單來說，企業要努力做好下列六個面向：

(一) **職場環境**：提供良好的職場環境給員工。

(二) **企業文化**：高階領導人要建立優良、正面、公平、公正、公開、以顧客至上、以顧客為導向的優質企業文化。

(三) **溝通**：做好企業與員工彼此間的良好互動溝通，特別是在顧客滿意經營的理念、信條、政策、制度與計畫推動之有效溝通上。

(四) **領導力**：做好各階層領導幹部及第一線基層幹部對領導力的有效率及有效能發揮，特別是在顧客滿意經營的重點工作上。

(五) **培訓**：企業要做好對第一線員工及幕僚客服人員的完整顧客滿意經營的各種培訓、教育訓練或實作訓練，以全面提升第一線員工的服務水準。

(六) **制度與SOP**：企業應做好顧客滿意經營的各種標準化作業流程及制度。

二、第一線人員與顧客之間

企業應要求直營門市、經銷店、加盟店、零售店、代理店、百貨公司專櫃，以及業務人員代表等第一線人員與顧客之間的接觸、洽談、溝通、說服及銷售產品上，必需做好下列重要事項，才能促成較高的成交率及業績目標，包括：

(一) **接待方面**：做好接待顧客的禮貌、禮儀、笑容、誠懇的態度，以及令人舒服的身體語言表現。

(二) **專業知識方面**：做好與顧客交談及對話的專業產品知識、專業操作技能與豐富的行業經驗，讓顧客產生信服力及信賴感。

(三) **服務方面**：做好既定的服務工作及顧客要求的額外服務，使顧客高度滿意我們的服務品質水準。

三、顧客與企業之間

在企業與顧客之間，企業還要注意到做好下列事項：

(一) **顧客的抱怨**：做好應對與有效解決的政策與相關制度及規定。

(二) **顧客滿意度的調查**：應定期或經常性的進行，以了解顧客對我們所提供的各項產品、服務品質及水準程度的滿意度，以作為改善、精進的對策參考。

(三) **廣告宣傳**：企業如有合理的行銷預算支援，也應考慮做一些廣告宣傳與公關報導活動，以建立在顧客心目中優良且高知名度的企業品牌或產品品牌。

顧客滿意經營的三個扮演者關係

1.企業

· 職場環境
· 企業文化
· 溝通
· 領導
· 培訓
· 制度與SOP

· 廣告宣傳
· 抱怨對應
· 市調

雙向（external）

雙向（internal）

雙向、互動（interactive）

2.第一線
人員

3.顧客

· 接待客人的禮貌、笑容、
技能、知識、經驗

第一線人員與幕僚人員做好CS經營

企業

第一線人員（營業人員）

· 業務洽談
· 接待客人
· 服務客人

幕僚人員

· 客服中心（Call-Center）
· 維修技術
· 市場調查
· 廣告宣傳

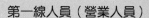

顧客群

顧客滿意經營！

營收及獲利 vs. 顧客滿意度

前文我們提到企業如果能夠做到顧客滿意經營，則顧客必會對企業產生信賴感，企業的業績也會得到提升。本文則更進一步說明營收及獲利增加與顧客滿意度提升，確有其密切關聯性。

一、成長企業與不振企業的區別

凡是成長企業必是顧客滿意的企業，而不振企業也必是顧客不滿意的企業。以下是成長企業與不振企業之間的很大區別：

	成長企業	不振企業
1.發想起點	·以顧客為中心	·以公司自身為中心
2.服務目的	·以感動顧客為優先	·以公司利益為優先
3.顧客滿意度	·顧客滿意！	·顧客不滿意！

上表顯示，凡是成長型企業，必是堅持以顧客為中心，以感動顧客為優先的核心經營理念。

二、營收及獲利增加與顧客滿意度提升密切相關

企業要營收及獲利的增加，如右圖所示，必需仰賴於三大增加因子：

(一) 來客數增加：包括新客人要增加，以及既有客人多來幾次兩要項。

(二) 購買數量增加：要增加對客人有吸引力的產品。

(三) 單價增加：要增加有價值性的商品。

企業如想達成上述三項增加因子，就必需仰賴公司的產品力與服務力強大。

企業如能徹底做大、做強、做好產品力及服務力，則顧客滿意度必會很高，顧客的回流必會大幅增加。

三、產品的涵義是包括服務

從顧客滿意經營的角度來看產品的涵義，就有很大不同。以往傳統觀念，企業認為顧客之所以會購買他們的產品，是因為他們的產品符合顧客需要；但現代最新的觀念，則是不只提供讓顧客滿意的產品，還要加上讓顧客滿意的服務，也就是說，企業如果不能在服務滿足顧客，則再好的產品也會淪為不為顧客滿意的物品。

簡單來說，企業所有人員及幹部必需建立最新、最正確的觀念，即是公司行銷產品給顧客，不只是物品、商品本身而已，而且更要同時做好各種完美的、頂級的、貼心的服務制度與服務對待。唯有如此，顧客才會對這樣的產品或品牌，有一個美好的印象與口碑，對公司的長期、永續經營，才會有很大助益。

成長企業與不振企業的區別

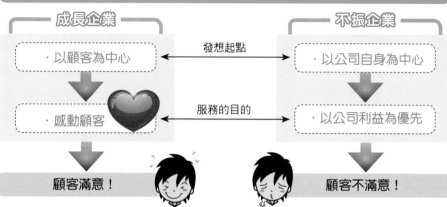

成長企業	不振企業
・以顧客為中心	←発想起點→	・以公司自身為中心
・感動顧客	←服務的目的→	・以公司利益為優先
顧客滿意！	顧客不滿意！

營收及獲利增加與顧客滿意度提升有密切相關性

營收及獲利增加 ＝

1. 來客數增加
・新客人增加
・既有客人多來幾次

✕

2. 購買量增加
・增加有魅力產品

✕

3. 單價增加
・增加有價值性商品

①產品力
＋
②服務力
＝
③顧客滿意度很高

085

產品的涵義包括服務

 傳統觀念：產品＝產品　　 最新觀念：產品＝物品＋服務

公司在制訂顧客滿意經營的政策、願景、戰略、戰術、計畫等之前，最好先做完整的 SWOT 分析，以確實掌握一些基本狀況的分析，並了解自身的優劣勢及外部環境狀況。

一、使用 SWOT 分析做好顧客滿意經營

我們可從顧客滿意經營的觀點，考量如何使用 SWOT 來分析如何做好顧客滿意經營。實務上，SWOT 分析是大家耳熟能詳的分析工具，如右圖所示並說明如下：

（一）Strength(S)——**優勢、強項**：應注意企業在顧客滿意經營的優勢、強項的經營資源是哪些部分。包括顧客滿意經營的產品、人才、組織、財力、情報資訊等，與競爭對手的比較狀況是如何。要認清自身的競爭優勢。

（二）Weakness(W)——**劣勢、弱項**：應注意本企業在顧客滿意經營的劣勢、弱項的經營資源是哪些部分。要認清自身的競爭劣勢。

（三）Opportunity(O)——**市場機會點**：應洞察企業在顧客滿意經營上外在環境存在的機會有哪些、在哪裡；然後加以有效掌握這些機會、變化與趨勢，從而有效提升及強化在顧客滿意經營之發展機會。

（四）Threat(T)——**市場威脅點**：企業應主動洞察面對外部環境有關顧客滿意經營上之可能及已經帶來的威脅點何在、發自何處，以及這些威脅所帶來的不利影響是什麼，企業未來的因應之道又為何。

綜合而言，經過這樣詳實的顧客滿意經營 SWOT 分析之後，即可知道並決定如何提升「顧客滿意經營」的努力方向及應採取之各種政策、戰略、組織、人力、預算及具體計畫之所在了。

二、顧客滿意經營的中心課題

簡單來說，顧客對企業的滿意，歸納起來，其實只有兩大核心課題，茲說明如下：

（一）**對公司（或對品牌）的信賴感**：對公司／品牌的信賴 (trust) 感，一旦堅實的建立起來，就代表顧客們對產品與服務品質及水準保證，達到一定的滿意度以上。所以，顧客對企業之所以「信賴」，就代表了對企業根本上的肯定，可建立忠誠度。

（二）**公司人才育成**：公司大部分的產品製造及服務提供，基本上就是仰賴公司全體部門的員工素質水準；凡是高素質的人力，所展現出來的產品力及服務力，就一定會使顧客感到很滿意。

從顧客滿意經營觀點考量SWOT分析

本公司的經營資源
產品、人才、財力、情報……等

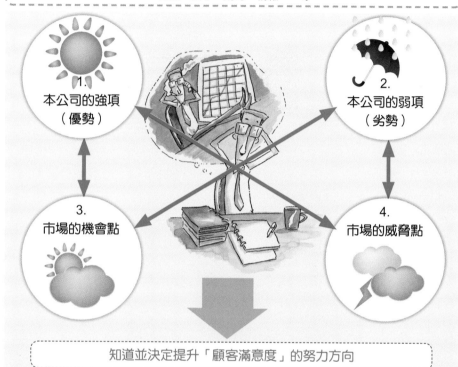

1.
本公司的強項
（優勢）

2.
本公司的弱項
（劣勢）

3.
市場的機會點

4.
市場的威脅點

知道並決定提升「顧客滿意度」的努力方向

顧客滿意經營的二大中心課題

顧客滿意

＝

1.對公司（或品牌）的信賴

2.公司人才育成

顧客的定義及開發新顧客的成本

現代社會中，「顧客就是上帝」是企業界的流行口號。在客戶服務中，有一種說法——「顧客永遠是對的」。不過各方有不同的解釋，例如顧客兩字的個別定義。他們可能是最終的消費者、代理人或供應鏈內的中間人。

一、顧客的定義——五種重要的顧客

如果從宏觀角度來看，顧客滿意經營所指的「顧客」，可以包括下列五種不同類型，一是公司外部的消費者與顧客；二是競爭對手的外部消費者與顧客；三是外部上游供應商，例如原物料、零組件、半成品等供應商；四是下游通路商，例如批發商、經銷商、代理商、零售商等；五是公司內部顧客，也就是公司員工，所謂有滿意的員工，才有滿意的顧客，即是此意。上述這五種顧客，企業都必須同時讓他們獲得滿意。

二、獲得新顧客成本，是舊顧客的五倍

根據業界一項統計資料顯示，企業獲得一位新顧客所必需花費的成本，是企業維繫一位舊顧客的五倍。這就顯示出：企業顧客滿意經營的最主要目標，就是在維繫舊顧客，這是放在第一位置的。其次，才是去外面開發新顧客。如此，才會事半功倍，並且是最有效能與效率的行動之舉。

舊顧客就是公司的既有顧客及忠誠顧客；一個企業如果能夠鞏固既有顧客為忠誠顧客，並讓他們終生都能購買公司的產品及服務，那就成了「終生價值 (Lifetime Value) 顧客」，也是企業應該追求及努力的重要目標了。所以，現代企業對「忠誠顧客」的經營及鞏固，已成為行銷的重點工作了。

三、一對一行銷與大眾行銷之區別

在這個現代顧客滿意經營的時代裡，行銷的方式也已從大眾行銷 (Mass Marketing)，轉向到一對一行銷 (One to One Marketing) 的方式。這兩者之區別，如下表所示：

一對一行銷	大眾行銷
1.以顧客為中心	1.以產品為中心
2.對顧客占有率的重視	2.對市場占有率的重視
3.對權力下放	3.中央集權
4.以高度資訊情報為基礎	4.以大量生產系統為基礎

上述一對一行銷的方式，係著重以「個別化」及「客製化」的深度模式，來經營顧客對企業的滿意度，以達到顧客占有率的重視及強化。

對企業的相關廣義顧客

2.競爭對手的外部消費者與顧客

3.外部上游供應商

5.公司內部顧客（即員工）

1.公司的外部消費者與顧客

4.下游通路商（批發商、經銷商、零售商）

獲得新顧客成本，是舊顧客的5倍

5倍

1倍

獲得新顧客成本　　　　　　　既有顧客維持成本

一對一行銷與大眾化行銷之區別比較

One to One Marketing	Mass Marketing
1.  ·以顧客為中心	·以產品為中心
2. ·對顧客占有率的重視	·對市場占有率重視
3.  ·權力下放	·中央集權
4. ·以高度資訊情報為基礎	·以大量生產系統為基礎

日本經營品質賞審查評分結構

　　1990 年代的泡沫經濟讓日本企業對於品質管理觀念有重新的思考，領悟到顧客的重要性。品質管理觀念因而從原來的製造導向轉變為服務導向；而立意於表揚管理結構的改革及持續改善企業之「日本經營品質賞」(Japan Quality Award, JQA)，也因此於 1995 年 12 月設立，並正式推動。JQA 的有效推動，對日本企業顧客滿意 (CS) 經營的同步推動，也帶來了正面積極的鼓勵。其實，經營品質賞就等於顧客滿意經營的相同涵義及內容。

一、日本經營品質賞審查基準概念

　　日本經營品質賞審查的基準概念，乃是參考美國國家品質獎制定，由核心精神發展出四個基本理念，包括顧客本位、企業獨特優勢和能力、重視員工、與社會間的協調，並延伸出七大重要的思考方法，包括顧客評價的創造、經營幹部的領導能力、工作流程的持續改善、對顧客及市場迅速的回應、協力精神的工作任務、人才的育成與能力開發，以及善盡企業社會責任。

二、日本經營品質賞的審查基準評分結構

　　日本經營品質賞的審查基準評分結構項目，主要區分三大方向與八個項目：

　　(一) 方向性與推動力（合計占 250 分）：包括經營願景與領導，以及資訊情報的共有化與活用兩個項目。在經營願景與領導方面占 170 分，由領導發揮的工作 100 分、社會的責任與企業倫理 70 分所組成。而資訊情報的共有化與活用方面占 80 分，由情報的選擇與共有化 30 分、競合比較與標準 30 分，以及情報的分析與活用 20 分所組成。

　　(二) 業務系統運作（合計占 450 分）：包括對顧客及市場的理解與回應、流程管理、人才開發與學習環境，以及戰略的策定及展開四個項目。在對顧客及市場的理解與回應方面占 150 分，由對顧客及市場的理解 70 分、對顧客的回應 40 分、顧客滿意的明確化 40 分所組成。在流程管理方面占 110 分，由基礎業務流程的管理 50 分、支援業務流程的管理 30 分、與供應商的協力關係 30 分所組成。在人才開發與學習環境方面占 110 分，由人才計畫的立案 20 分、學習環境 30 分、員工的教育／訓練／啟發 30 分、員工的滿意度 30 分所組成。在戰略的策定及展開方面，占 80 分，由戰略的策定 40 分、戰略的展開 40 分所組成。

　　(三) 目標與成果（合計占 300 分）：包括顧客滿意，以及企業活動成果兩個項目。在顧客滿意方面占 100 分，主要是對顧客滿意度與市場的評價。在企業活動成果方面，占 200 分，由社會的責任與企業倫理的成果 40 分、人才開發與學習環境的成果 40 分、創新活動的成果 60 分、事業的成果 60 分所組成。

日本經營品質賞的審查基準評分結構

方向性與推進力	業務系統運作	目標與成果
1.經營願景與領導（170分）	6.對顧客及市場的理解及回應（150分） 5.流程管理（110分） 4.人才開發及學習環境（110分） 3.戰略的策定及展開（80分）	8.顧客滿意（100分） 7.企業活動的成果（200分）

＜情報基盤＞

2.資訊情報的共有化與活用（80分）

日本經營品質賞審查基準

審查類別項目	配　分	
1.經營願景與領導		170分
①領導發揮的工作	100分	
②社會的責任與企業倫理	70分	
2.資訊情報的共有化與活用		80分
①情報的選擇與共有化	30分	
②競合比較與標準	30分	
③情報的分析與活用	20分	
3.戰略的策定與展開		80分
①戰略的策定	40分	
②戰略的展開	40分	
4.人才開發與學習環境		110分
①人才計畫的立案	20分	
②學習環境	30分	
③員工的教育、訓練與啟發	30分	
④員工的滿意度	30分	
5.作業流程管理		110分
①基礎業務流程的管理	50分	
②支援業務流程的管理	30分	
③與供應商的協力關係	30分	
6.對顧客與市場的理解及應對		150分
①對顧客及市場的理解	70分	
②對顧客的回應	40分	
③顧客滿意的明確化	40分	
7.企業活動的成果		200分
①社會的責任與企業倫理的成果	40分	
②人才開發與學習環境的成果	40分	
③創新活動的成果	60分	
④事業的成果	60分	
8.顧客滿意		100分
顧客滿意度與市場的評價		
總計		1,000分

日本經營品質賞的顧客滿意經營模式

　　對應前文介紹的日本經營品質賞的顧客滿意經營模式 (Business Model)，主要有下列重要內容可資因應。

一、顧客滿意經營模式

　　(一) 優勢性建構的戰略：例如目標顧客的明確化、低價格戰略、顧客服務品質提升戰略、高品質及高價格戰略或平價戰略、交期縮短戰略，以及其他諸如差異化戰略、獨家戰略等。

　　(二) 對應日本經營品質賞的顧客滿意經營工作。

　　(三) 非常強的領導下的優勢經營：包括下列四個面向，一是提升員工滿意度，會使員工高興。二是提升顧客滿意度，會使顧客高興。三是獲得上游及下游業者的協助，會使周邊業者高興。四是善盡社會責任與企業倫理，會使社會高興。

　　(四) 業績提升與企業價值提升。

　　(五) 大眾股東高興。

　　在這個經營模式中，主要強調三個重點，茲說明如下：

　　首先，企業要建構各種面向的競爭優勢性之戰略作為，並實質達成，以期長期擁有這些競爭優勢與特色為支撐。這些戰略面向，包括有高品質戰略、高價戰略、平價戰略、交期戰略、服務品質戰略、目標客層明確戰略、差異化特色戰略等。

　　其次，企業要有一個非常強的領導經營。由於有優越及有效能的領導，所以企業各部門及各員工都能提振工作士氣與精神，做好全方位面對顧客的各種優質、貼心與精緻服務。

　　最後，顧客滿意經營最終目的，追求的就是員工滿意、顧客滿意及大眾股東滿意；這些高滿意度就會促使企業的股價高、企業價值高及業績與獲利不斷地提升。

二、顧客滿意經營是非常廣泛的

　　談到顧客滿意經營的面向，其實是非常廣泛的；它不只是面對既有消費者、顧客群的滿意而已；而且對未來潛在顧客的滿意，以及競爭對手顧客的滿意，都要同等重視及關注。甚至企業的上游供應商、下游通路商、內部員工，以及外部大眾股東與整體社會百姓的滿意，也都是企業經營所必需面對及做好的工作目標。唯有站在高戰略層次來看待這樣的顧客滿意經營，才算是一個有效能的 CS 經營。

對應日本經營品質賞的顧客滿意經營模式

 優勢性建構的戰略

例如：①目標顧客的明確化　　②低價格戰略　　③顧客服務品質提升戰略
　　　④高品質、高價格戰略　⑤交期縮短　　　⑥其他

 對應日本經營品質賞的顧客滿意經營工作

 非常強的領導下的優勢經營

①顧客滿意度提升　　②員工滿意度提升　　③上游及下游業者的協助　　④社會倫理的責任與企業

顧客高興　←　員工高興　　周邊業者高興　　社會高興

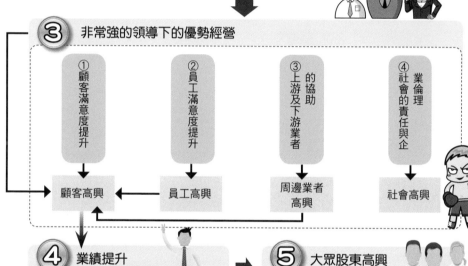

④ 業績提升 企業價值增大　→　⑤ 大眾股東高興

顧客滿意經營是非常廣泛的

1.顧客滿足
①本公司顧客
②競爭對手顧客
③上游供應商
④下游通路商
⑤本公司員工

2.未來潛在顧客的滿意

3.股東的滿意

4.社會的滿意

6-9 顧客滿意經營的實踐工作與領導

公司管理遇到的各種事件或狀況，都可以用顧客滿意經營的手法解決，不只有在面對顧客、提供服務時需要，在公司創始的經營策略就必需納入，落實在各項制度上，進而形成組織文化。顧客滿意必需是公司最優先要達成的事項，公司營運的最終目的，要擁有忠誠顧客以達成永續經營。

一、顧客滿意經營的方向與工作

（一）**四大戰略優勢的建立**：關於顧客滿意經營工作的首要之務，即在建立企業根本經營的四大戰略優勢，包括產品力競爭優勢、價格力競爭優勢、通路力競爭優勢，以及銷售推廣力競爭優勢。唯有這四個競爭優勢一同做好、做大及做強，企業顧客滿意經營才能奠下根基。

（二）**展開的工作**：在具體的展開工作方面，包括全面的品質管理、領導力展現、顧客滿意重視的企業文化、權力下授、抱怨處理，以及其他事項等。

（三）**支撐的工作**：主要是顧客滿意度把握的方法，以及顧客滿意資料的活用方法兩項。

二、關於顧客滿意經營的領導

在具體實踐顧客滿意經營，必須仰賴各級主管的強大領導力。唯有企業展現強大的領導力 (leadership-power)，才能策劃及執行好顧客滿意經營的成果。

（一）**策劃的領導力**：在策劃組合的領導力展現方面，要針對下列四個面向進行，一是對 CS 理念、願景與顧客價值的策定。二是對 CS 經營戰略的策定。三是對 CS 經營組織內部展開工作的建構。四是對 CS 經營全體支持的工作建構。

（二）**日常業務的領導力**：在日常業務方面，主要領導力的呈現，要注意到下列兩項，一是必需要有直接聽到顧客聲音的機會。二是必需與全體員工做好溝通及傳播。

小博士的話

為何一定要強大領導力？

企業要落實顧客滿意經營，為何非得仰賴強大領導力不可？主要在避免「顧客至上」淪為口號。因為若是由高階管理者的觀點分析，策略形成之前，就考慮顧客的期望與需求，在最高管理者的腦海中，早已認同顧客滿意的使命，並且親身實踐，落實在管理中，即使困難也不考慮退縮，這樣就能創造出顧客喜愛的價值。

顧客滿意經營的方向與實踐工作

顧客

1. 戰略優勢
- ① 產品優勢性
- ② 價格優勢性
- ③ 通路優勢性
- ④ 推廣優勢性

理念與願景等

2. 展開的工作
- ① 全面品質管理
- ② 領導力展現
- ③ 顧客滿意重視的企業文化
- ④ 權力下授
- ⑤ 抱怨處理
- ⑥ 其他

日本品質賞評價的工作

3. 支撐的工作
- ① 顧客滿意度把握的方法
- ② 顧客滿意資料的活用方法

關於顧客滿意經營的領導

企業組織

1.顧客滿意經營的組合體
①理念、願景、顧客價值的策定
②戰略的策定
③組織內部展開工作的建構
④顧客滿意經營全體支持的工作建構

顧客滿意經營的率先典範

②與全體員工的溝通及傳播

領導（leadership）

①直接聽到顧客聲音的機會

2. 日常業務

顧客

　　要做好顧客滿意經營的實際執行面，還要注意到最高階領導人或高階管理團隊，如何塑造出企業內部及面對全體員工的優良顧客導向，而產生的「企業文化」(Corporate Culture) 才行。

　　這方面的醞釀，要從下列四個面向著手做起，才會有 CS 經營的企業文化展現。

一、企業理念

　　企業經營理念是企業生存與發展的無形根本力量與精神。每個企業都有其生存發展不同的企業理念。

　　例如：有些企業強調「顧客第一」、「品質至上」、「研發領先」、「貼近市場」、「創新領先」、「勤勞樸實」、「誠實為先」、「創造顧客幸福」、「美化人生」、「持續革新」、「幸福企業」等。

二、顧客價值

　　要讓顧客滿意，除了現有產品與服務帶給顧客美好體驗之外，最重要的是要能為顧客創造價值 (Value)，要讓顧客有物超所值感。

　　因此，公司所有部門，從研發、技術、採購、設計、生產、品管、物流、銷售、行銷、售後服務等各專業領域，都要讓顧客感受到他每一次使用的感覺與體驗，都有嶄新或革新的高附加價值或可觀進步在裡面。這就是企業要不斷堅持創造顧客所可感受到的價值。

三、願景

　　企業最高階主管一定要彰顯出並訂定出公司發展極致的願景 (Vision) 為何，在組織中建立共同的價值、信念和目標，來引導組織成員行為，凝聚團體共識，促進組織的進步與發展。

　　例如：台積電的願景為「全球最先進的晶圓科技製造廠」。又如王品集團的願景為「全臺第一的各式餐飲品牌領航者」。

　　有了這些願景，才能為顧客 CS 經營帶來永恆的驅動力。

四、戰略

　　最後則是戰略 (Strategy) 布局與戰略方針。包括行銷 4P 戰略、企業發展範疇戰略、差異化戰略、低成本戰略、高附加價值創新戰略等。戰略指導、影響著企業 CS 經營的貫徹。

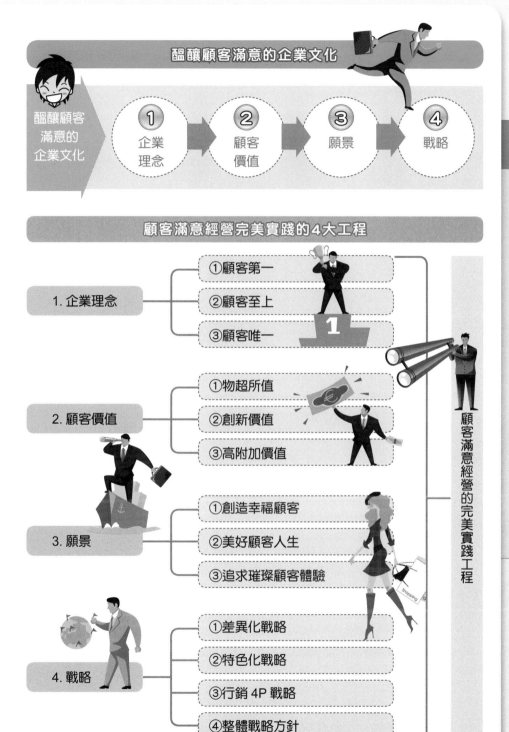

醞釀顧客滿意的企業文化

醞釀顧客滿意的企業文化

① 企業理念 ② 顧客價值 ③ 願景 ④ 戰略

顧客滿意經營完美實踐的4大工程

1. 企業理念
- ①顧客第一
- ②顧客至上
- ③顧客唯一

2. 顧客價值
- ①物超所值
- ②創新價值
- ③高附加價值

3. 願景
- ①創造幸福顧客
- ②美好顧客人生
- ③追求璀璨顧客體驗

4. 戰略
- ①差異化戰略
- ②特色化戰略
- ③行銷 4P 戰略
- ④整體戰略方針

顧客滿意經營的完美實踐工程

顧客滿意經營的權力下授與抱怨處理

研究顯示，當顧客的抱怨獲得公司適當處理時，顧客對公司的忠誠度會不減反增。因此，如何在顧客抱怨的第一線現場即能化解顧客心中的不滿，甚至帶著滿心歡喜地離開，而且期待再次光臨，則有待管理者的智慧了。

一、顧客滿意經營必需將權力下授

在實踐顧客滿意經營的具體工作上，必需將公司中高階幹部的權力下授給基層的第一線主管與第一線員工。也就是說，應形成如右圖所示的倒三角形組織體。

這個組織體顯示，面對大眾顧客，第一線的幹部及員工，就是公司的最大代表，他們可以有足夠的權力處理與顧客之間的交易與應對措施，例如退費、換貨、小額賠償等。

員工必需明確知道自己能夠為顧客做什麼，超出他們權限範圍的，員工也知道正確的往上呈報處理。

這些第一線的員工，包括業務員、直營門市店、加盟門市店、專櫃小姐／先生們、事務管理員、客服人員、技術維修員等。

而高階及中堅幹部在倒三角形組織體中的任務，則是努力做好下列五件事情，以支援第一線的員工們：一是打造一個顧客滿意經營的企業文化；二是對第一線員工信賴的堅定心；三是建立顧客導向的人事系統；四是執行倒三角形的組織結構；五是情報共有化資訊系統的建置。

二、抱怨的處理

對顧客抱怨的處理，是顧客滿意經營的重要一環。若顧客抱怨處理不好，可能造成不良的後果有二：一是顧客可能離去，不再回來了；二是顧客在外面散播對公司不好的壞口碑。這些累積起來，對公司就是很大的傷害。

如右圖所示，公司可能會從門市店、加盟店、客服中心、業務員及通路商等場所接收到顧客的抱怨。有些小抱怨，也許第一線員工就可以加以解決；有些則不能解決，必需及時反映到總公司來處理，而其處理步驟有三：

（一）成立顧客抱怨處理中心：公司需要設立一個可以接收來自第一線的各種抱怨的處理中心，這樣抱怨才能夠彙整。

（二）歸納分析抱怨並呈報：針對這些抱怨，加以整理、歸納、分析，並呈報給上級。

（三）高階決策團隊的因應對策：中、高階管理團隊針對上述抱怨之呈報，加以提出因應與處理對策，期能順利解決，消弭這些抱怨，不再出現。

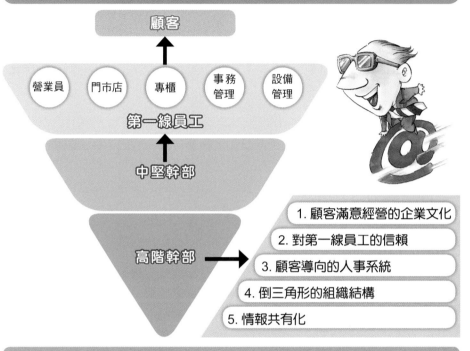

權力下授的倒三角形組織體

顧客

營業員　門市店　專櫃　事務管理　設備管理

第一線員工

中堅幹部

高階幹部

1. 顧客滿意經營的企業文化
2. 對第一線員工的信賴
3. 顧客導向的人事系統
4. 倒三角形的組織結構
5. 情報共有化

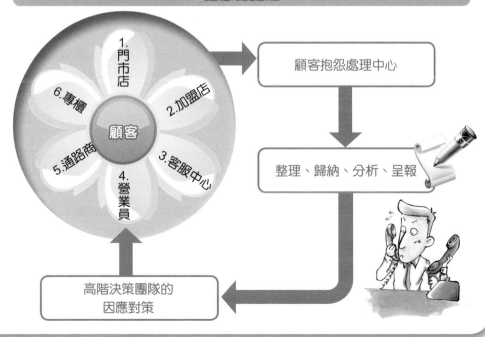

抱怨的處理

顧客

1. 門市店
2. 加盟店
3. 客服中心
4. 營業員
5. 通路商
6. 專櫃

顧客抱怨處理中心

整理、歸納、分析、呈報

高階決策團隊的因應對策

6-12 從顧客滿意經營到顧客感動經營的升級

微利時代，削價競爭已成常態，但並非長久之計，這時企業要如何因應呢？

一、從價格競爭到服務競爭

近幾年來臺灣歷經低成長的外在經濟環境，而企業的競爭武器，除了產品力不斷創新領先外，就只剩下價格競爭與服務競爭了。

但價格競爭，對某些資訊、電腦、手機、家電、數位產品等品類，的確是出現價格日益下降的趨勢，但對大部分日常消費品而言，未必就是低價競爭才能致勝。何況，企業經營如果陷入持續性的降價或價格競爭的話，企業的利潤率一定會被稀釋侵蝕而降低，導致企業獲利減少，對企業長期發展當然是不利的。

因此，用長遠經營角度來看，企業經營的根基，一定要定位在「服務競爭」、「顧客滿意競爭」，以及「顧客感動競爭」的層次上是較為明智的。

二、從顧客滿意經營到顧客感動經營

過去長久以來，我們都重視並強調「顧客滿意經營」，但未來的競爭方向，一定要提升到「顧客感動經營」方向，才有持續性的競爭優勢。但是要怎麼做呢？

在顧客滿意經營方面，基本上要做到下列兩項，一是以顧客的理性為訴求。二是比較著重在產品品質、價格等要素。

然後提升到顧客感動經營方面，則要做到以顧客的感情為訴求，以及比較著重在心理、心境層次的兩要項。

簡單來說，企業的行銷 4P 活動及頂級服務活動，一定要從過去對顧客的理性、物質面，全力轉向、提升到顧客的感情、心理，以及感動面；徹底做到「顧客感動經營」，能做到這種境界，企業可稱得上十分優秀成功了。

三、令顧客感動的三種對象

不管對服務業或製造業而言，從顧客立場上來看，會令顧客感動的對象，大致以下列三種為主：

（一）**對服務人員的感動**：顧客對現場或幕後服務人員的服務品質水準，受到深深感動。

（二）**對商品的感動**：顧客對公司所提供的產品品質水準、創新水準、物超所值感，以及高效益值（即高 CP 值；Consumer-Performance, CP）等，受到深深感動。

（三）**對空間環境的感動**：顧客對公司所提供的賣場環境、門市環境、服務場所環境、休閒娛樂環境，及 VIP 貴賓室環境之裝潢、設施高級感，受到深深感動。

從低價格競爭到服務競爭

價格便宜競爭

服務競爭

顧客滿意與顧客感動的關係

感情
心理

理性

2.顧客感動（Customer Delight）經營

① 以顧客的感情為訴求

② 屬心理、心境層次的要素

1.顧客滿意（Customer Satisfaction）經營

① 以顧客的理性為訴求

② 屬產品品質、價格等要素

令顧客感動的三種對象

感動！感動！

1.對服務人員的感動

2.對商品的感動

3.對空間環境的感動

企業如果能徹底實踐顧客感動經營，可知會產生什麼有利的連鎖效應嗎？

一、顧客感動經營的效益

企業顧客感動經營的追求與實踐，必會對企業帶來正面與有利的影響效益。如右圖所示，茲說明如下：

（一）**經營生涯顧客**：顧客感動經營的實踐，會使顧客的回頭率、再購率顯著提高，然後進一步成為所謂的「生涯顧客」(life-time-customer) 或稱「終生顧客」、「一生顧客」；能夠成為這樣的顧客，可說是企業經營顧客的極致。

（二）**口碑行銷創造新顧客**：顧客感動經營的實踐，會使既有顧客向其身邊的親朋好友或同事、同學宣傳這家企業的產品或服務有多好；如此一來，形成了向外傳播外溢的口碑行銷效果；然後也就間接的創造了潛在與實質的新顧客了。

（三）**確保企業經營成長**：透過上述兩種模式的擴散，在既有顧客方面形成了回頭率高的終生顧客；另一方面，經由好的口碑向外傳播效果，衍生出不少新顧客來本公司，如此良性循環下去，最終就產生了營收額增大及獲利增大、企業規模不斷成長壯大的兩種主要效果。

二、三種層次的顧客

如果以忠誠度來看，一位消費者或顧客對公司的貢獻價值，可以區分成如右圖所示的三種層次顧客，一是一般顧客 (general-customer)。二是持續購買的顧客 (repeat-customer)，或稱再購率提升的顧客。三是生涯購買顧客（loyalty-customer），或稱為「一生忠誠顧客」。

當然，企業全體部門及全體員工努力的終極目標，就是如何將初階的一般性顧客，轉變為高階的生涯顧客，這樣就能更加鞏固公司每年固定的營收及獲利。

三、從 AIDMA 模式到 AIDMA-DS 模式

傳統引起顧客購買的既有模式，即是 AIDMA 模式，即從引起顧客的注意 (Attention) →引發顧客有興趣 (Interest) →激發顧客需求 (Desire) →創造對此品牌的記憶 (Memory) →然後刺激顧客採取實際行動 (Action) 購買此產品或此服務。

但是，新模式則再增加兩項，即達成顧客體驗後的感動感受 (Delight)，然後，顧客即會將此好感受，透過網路撰文或口頭講話，將之分享並推薦給他的親朋好友或同事或同學等 (Share)，最後，創造出更多的新顧客群。

顧客感動經營的有利連鎖效應

1	3-1	4	5
顧客感動經營的追求	再購（Repeat）	生涯顧客	營收額增大、獲利增大！

2	3-2		6
顧客感動經營的實現	口碑效果創造新顧客		企業成長！

感動的連鎖

顧客的3種層次

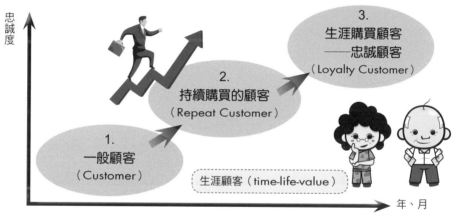

忠誠度

3. 生涯購買顧客
——忠誠顧客
（Loyalty Customer）

2. 持續購買的顧客
（Repeat Customer）

1. 一般顧客
（Customer）

生涯顧客（time-life-value）

年、月

從AIDMA到AIDMA-DS模式

傳統AIDMA模式

A	Attention	① 注意
I	Interest	② 興趣
D	Desire	③ 需求
M	Memory	④ 記憶
A	Action	⑤ 行動

新模式

D	Delight	⑥ 感動
S	Share	⑦ 分享、推薦

其他周邊人員

無論是商品或服務，只有貼近顧客需求，讓顧客感動才能吸引顧客的目光。

一、顧客感動的要素

企業推動顧客感動，重點在於三大要素與核心，茲說明如下：

(一) 產品力 (Product)：

1. 硬體價值展現：包括產品功能、品質、性能、安全性、耐久性、壽命性等。

2. 軟體價值展現：包括產品的外觀設計、包裝、色彩、便利性、說明會、品名、個性、風格等。

(二) 服務力 (Service)：

1. 店內氣氛：包括高級、快樂、具特色化、享受的氣氛感受。

2. 接客服務：包括招呼、禮貌、笑容、服裝、專業知識等。

3. 售後服務：包括及時、快速、完整、維修技術等。

(三) 企業形象力 (Corporate Image)：包括企業的社會貢獻活動、企業的環保活動等。

二、顧客感動經營的推動步驟

企業要推動顧客感動經營，基本上有下列五個步驟，一是顧客感動經營理念的確立。二是顧客感動 mind 的醞成。三是顧客滿意度調查規劃、實施及分析。四是服務的改善計畫與實施。五是改善結果的考核。最後，即是使顧客感動的實現。

而在公司顧客感動經營理念的建立上，應有下列三個階段，一是理念確立。二是理念的共有、認同。三是理念的實踐。

三、顧客對事前期待與事後使用結果的各種比較

顧客對公司所提供的產品或服務，必定會有事前的期待與事後結果的比較，因此會出現由下列三種結果所衍生出的五種不同感受 (如右圖)：

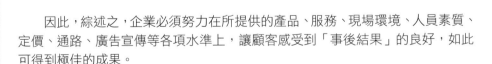

- 事後結果 < 事前期待：顧客會感到不滿意
- 事後結果 = 事前期待：顧客感到普普通通
- 事後結果 > 事前期待：顧客感到滿意，甚至會感動

因此，綜述之，企業必須努力在所提供的產品、服務、現場環境、人員素質、定價、通路、廣告宣傳等各項水準上，讓顧客感受到「事後結果」的良好，如此可得到極佳的成果。

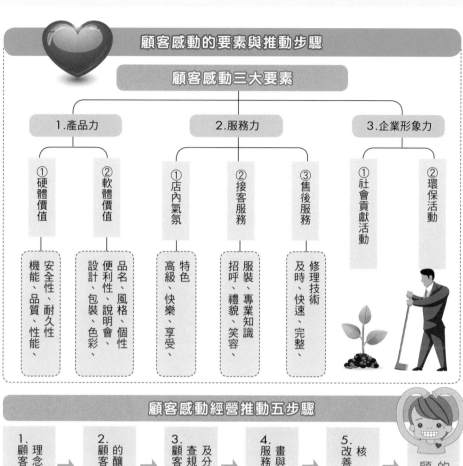

顧客感動的要素與推動步驟

顧客感動三大要素

1.產品力	2.服務力	3.企業形象力

- ① 硬體價值
- ② 軟體價值
- ① 店內氣氛
- ② 接客服務
- ③ 售後服務
- ① 社會貢獻活動
- ② 環保活動

機能、品質、耐久性、性能、安全性、

品名、風格、個性、便利性、說明會、設計、包裝、色彩、

特色、高級、快樂、享受、

服裝、專業知識、招呼、禮貌、笑容、

修理技術、及時、快速、完整、

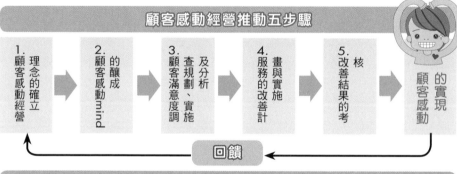

顧客感動經營推動五步驟

1. 顧客感動經營理念的確立
2. 顧客感動mind的醞成
3. 顧客滿意度調查規劃、實施及分析
4. 服務的改善計畫與實施
5. 改善結果的考核 → 顧客感動的實現

回饋

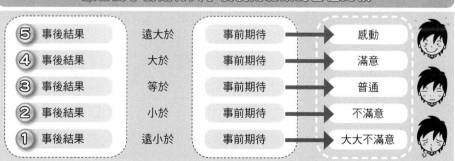

顧客對事前期待與事後使用結果的各種比較

⑤ 事後結果	遠大於	事前期待	感動
④ 事後結果	大於	事前期待	滿意
③ 事後結果	等於	事前期待	普通
② 事後結果	小於	事前期待	不滿意
① 事後結果	遠小於	事前期待	大大不滿意

6-15　員工滿意是顧客感動經營的基礎

　　企業高階管理團隊必須了解、注意並認同到「員工滿意」(Employee Satisfaction,ES)，是企業在執行並貫徹顧客感動經營上的根本基礎。

一、讓員工滿意會產生什麼好處？

　　如果企業讓員工滿意度不斷提升，那麼員工對工作的熱忱就會提高、員工對公司的信賴感也會提高、員工也比較甘心多努力付出貢獻。

　　以上這三點都會使公司的生產力及服務力不斷提升；然後，顧客滿意度及顧客感動即會提高與實現。最終，企業的營收、獲利也同步得到擴增，而企業也可以步入正面有利的持續性成長。

二、顧客與員工皆要感動

　　企業經營不僅要努力做到讓顧客滿意及顧客感動，同時，企業也要做到員工滿意及員工感動。如果員工能夠感動，那麼對公司忠誠的員工及死忠效命付出的員工即會同步增加。

　　因此，企業高階經營團隊，必須同步努力做好、做到顧客與員工皆能受到感動的極致目標才行。這是根本的重要信念與認知。

三、員工如何滿意？

　　企業可在下列九項工作上努力做好，員工即會漸趨滿意及感動，包括 1. 企業要有好的薪獎與福利制度；2. 企業要對第一線營業及服務的員工，將權力下授──授權及分權，讓他們能夠代表公司；3. 員工都可以獲得成長；4. 員工都可以獲得晉升；5. 企業有好的培訓制度；6. 在公司發展有前途的深深感受知覺；7. 企業要建立優良、正派、公正、公平的優質企業文化；8. 企業每年都要有正常與良好的獲利，塑造是能穩定賺錢的企業感受，以及最後 9. 企業要打造出它的良好企業形象及企業社會責任。

四、對員工滿意度調查

　　企業應該每年至少一次定期進行全體員工對公司整體面向的滿意度調查，並加以統計與分析，了解全體員工對公司各面向的滿意度百分比是如何，並且針對不夠滿意的項目，提出改革精進對策與做法。盡可能使員工對公司的整體滿意度至少有 80% 以上，甚至 90% 以上。至於對員工滿意度調查項目內容，可以包括組織面、領導面、企業文化面、個人工作面、薪獎／福利面、勞動條件面、發展前途面、晉升面，以及培訓面等九個面向。

員工滿意是顧客感動經營的基礎

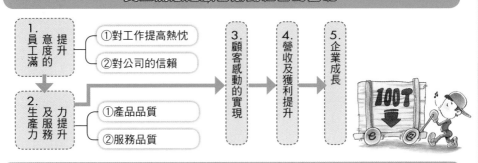

1.員工滿意度的提升	①對工作提高熱忱
	②對公司的信賴
2.生產力及服務力提升	①產品品質
	②服務品質

3.顧客感動的實現 → 4.營收及獲利提升 → 5.企業成長

100T

顧客與員工皆要感動

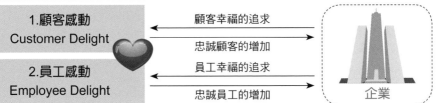

1.顧客感動
Customer Delight

顧客幸福的追求 ←→

忠誠顧客的增加 ←→

2.員工感動
Employee Delight

員工幸福的追求 ←→

忠誠員工的增加 ←→

企業

員工如何滿意與感動

1.好的薪獎與福利制度

9.好的企業形象

2.權力下授、授權、分權

員工滿意
Employee Satisfaction

8.公司能正常獲利

3.人員可以成長

7.好的企業文化

4.人員可以晉升

6.在公司發展有前途

5.好的培訓制度

滿意兼顧的三個面向

感動創造企業

1.顧客滿意度調查
（CS 調查）

→ 2.員工滿意度調查
（ES 調查）

→ 3.周邊企業夥伴調查
（Business Partner）

Date _____ / _____ / _____

第 7 章
顧客關係管理

7-1 CRM 推動之原因及目標

　　CRM (Customer Relationship Management, CRM) 的中文，即是顧客關係管理之意。為何企業要經營顧客關係管理呢？探討如下。

一、為何要有 CRM ？

　　(一) 從本質面看：顧客是企業存在的理由，企業的目的就在創造顧客，顧客是企業營收與獲利的唯一來源（註：彼得‧杜拉克名言）。所以，顧客爭奪戰是企業爭戰的唯一本質。

　　(二) 從競爭面看：市場競爭者眾，各行各業已處在高度激烈競爭環境中。每個競爭對手都在進步、都在創新，都在使出刺激手段搶奪顧客及瓜分市場。

　　(三) 從顧客面看：顧客也不斷的進步，顧客的需求不斷變化，顧客要求水準也愈來愈高。企業必須以顧客為中心，隨時且不斷的滿足顧客高水準的需求。

　　(四) 從 IT 資訊科技面看：現代化資訊軟硬體功能不斷的革新進步，成為可以有效運用的行銷科技工具。

　　(五) 從公司自身面看：公司亦強烈體會到，唯有不斷的強化及提升自身以「顧客為中心」的行銷核心競爭能力，才能在競爭者群中突出領先而致勝。

二、CRM 的目的／目標何在？

　　(一) 不斷提升「精準行銷」之目標：使行銷各種活動成本支出在最合理之下，達成最精準與最有效果的行銷企劃活動。

　　(二) 不斷提升「顧客滿意度」之目標：顧客永遠不會 100% 的滿意，也不斷改變他的滿意程度及內涵。透過 CRM 機制，旨在不斷提升顧客的滿意度，並對我們產生好口碑及好的評價。滿意度的進步是永無止境的。

　　(三) 不斷提升「品牌忠誠度」之目標：顧客滿意度並不完全等同顧客忠誠度，有時顧客雖表面表示滿意，但卻不會在行為上、再購率上及心理上有高的忠誠度展現。因此，運用 CRM 機制，亦希望能力求提升顧客對我們品牌完全始終如一的忠誠度。而不會成為品牌的不斷嘗新、嘗鮮或比價的移轉者。

　　(四) 不斷提升「行銷績效」之目標：CRM 的數據化效益目標，當然也要呈現在營收、獲利、市占率、市場領導品牌等可量化的績效目標上面才可以。

　　(五) 不斷提升「企業形象」之目標：企業形象與企業聲譽是企業生命的根本力量，CRM 亦希望創造更多忠誠顧客，對企業有更好的形象評價。

　　(六) 不斷「鞏固既有顧客並開發新顧客」之目標：CRM 一方面要鞏固 (solid) 及留住 (retention) 既有顧客，儘量使流失比例降到最低。另一方面也要開發更多的新顧客，使企業成長，不斷刷新紀錄創新高。

CRM全方位架構八大項目

1.Why
為何要有CRM

2.What Purpose
CRM的目的／目標何在

3.How to Do
CRM的作法——
全方位面向的思考

5.How to Do
CRM的IT執行內容

4.What Direction
CRM四大行銷原則的掌握
及滿足顧客

6.Whom
對誰做CRM

7.Who
誰負責CRM

8.Others
CRM相關中英名詞

CRM六大目標

1.不斷提升
「精準行銷」目標

6.不斷「鞏固既有
顧客並開發新顧客」
之目標

2.不斷提升「顧客
滿意度」目標

**CRM
的目標**

5.不斷提升「企業
形象」目標

3.不斷提升「品牌
忠誠度」目標

4.不斷提升「行銷績
效」目標

營收、獲利、市占率、市場領導品
牌等可量化的績效目標，應適度的
加以評量／衡量／計算；然後，才
能跟CRM的投入成本做分析比較。

7-2 推動 CRM 的相關面向與原則

企業要如何滿足顧客？全方位考量及行銷原則的掌握，乃是一定要的作法。

一、CRM 的作法——全方位面向的思考

CRM（顧客關係管理）應用在執行面，可分成下列四大面向進行，一是 IT 技術面，包括資料蒐集 (Data Collection)、資料倉儲 (Data Warehouse)、資料探勘 (Data Mining) 三種。二是行銷企劃與業務銷售面，包括產品力提升 (Product)、品牌力提升 (Branding)、價格力提升 (Pricing)、廣告力提升 (Advertising)、促銷力提升 (Promotion)、人員銷售力提升 (Professional Sales)、作業流動力提升 (Processing)、服務力提升／客服中心 (Service)、媒體公關力提升 (PR)、活動行銷力提升 (Event Marketing)、網路行銷力提升 (On Line Marketing)、實體環境力提升 (Physical Environment) 十二種。三是會員經營面，包括會員卡、聯名卡、會員分級經營、會員服務經營、會員行銷經營五種。四是經營策略面，包括顧客導向策略、顧客滿意策略、顧客忠誠策略、企業形象策略四種。

CRM 必須從上所述四個大面向思考相關的具體作法細節與計畫。而這要依各行各業而有不同的重點，各公司也有不同的狀況。但是，唯有思慮周密考慮到這四個方向，同時採取有效的作法及方案，才會產生出最完美的 CRM 成效出來。

二、CRM 四大行銷原則的掌握

不管是 CRM 也好，行銷 4P 活動也好，都必須在下列五個原則上滿足顧客，一是尊榮行銷原則，即讓顧客感受到更高的尊榮感。二是價值行銷原則，即讓顧客感受到更多的物超所值感。三是服務行銷原則，即讓顧客感受到更美好的服務感。四是感動行銷原則，即讓顧客感受到更多驚奇與感動。五是客製化行銷原則，即讓顧客感受到唯一。

三、對誰做與誰負責 CRM ？

CRM 必須透過 IT 技術應用系統架構與操作，才能推動 CRM；然而企業究竟要對誰做 CRM ？我們分類為 B2C (Business to Consumer) 與 B2B (Business to Business) 兩種。B2C 主要是針對一般消費大眾；而 B2B 則是針對企業型顧客，例如 IBM、HP、微軟、Intel、Dell、銀行融資、華碩、鴻海、大藥廠、食品飲料廠等。至於誰負責 CRM ？實際上，會有幾個部門涉及到 CRM 機制的操作及應用，包括 CRM 資訊部、CRM 經營分析部、業務部、會員經營部、行銷企劃部、經營企劃部、客服中心部七個部門。

CRM的五大行銷原則

- 1. 尊榮行銷
- 2. 價值行銷
- 3. 服務行銷
- 4. 感動行銷
- 5. 客製化行銷

CRM的五大行銷原則

CRM 運用的四大面向

CRM的運用面向

1. IT 資訊技術面

2. 會員經營面

3. 經營策略面

4. 行銷企劃面

推動CRM的相關部門

1. 資訊部
2. 第一線業務單位
3. 行銷企劃部
4. 會員經營部

較適用CRM的行業

1. 金控銀行業（信用卡）
2. 人壽保險業
3. 電信業（行動電話）
4. 百貨公司業
5. 電視購物業
6. 直銷（傳銷）業
7. 大飯店業
8. 超市業
9. 餐飲連鎖業
10. 書店連鎖業
11. 藥妝店連鎖業
12. 休閒娛樂業
13. 量販店業
14. 購物中心業
15. 名牌精品業
16. 其他服務業

CRM 實現的四個步驟與顧客戰略

有了全方位對 CRM 的考量及行銷 4P 原則的掌握後，再來就是如何實踐 CRM 的問題了。

一、實現 CRM 的四個步驟層次

（一）戰略層面（戰略思考面）：以顧客為基礎的事業經營模式考量，並整合行銷、營業及服務等作業流程，力求創造對顧客差別化對待。

（二）知識層面（顧客了解面）：深入對目標顧客群的理解及洞察，進而提供他們所要的產品及服務，滿足他們的需求。

（三）業務流程及組織層面（戰術規劃面）：整合企業的行銷 4P、業務、人及組織的流程規劃，並從中創造顧客所感受到的價值。

（四）Solution 及 Technology 層面（執行方面）：從與顧客的關鍵接觸點中做完美的服務。包括現場店面的接觸、客服中心接觸、業務員接觸，以及電話、傳真、E-mail、手機等多元管道的接觸點服務。

二、CRM 就是企業的「顧客戰略」

CRM 就其本質而言，就是指「顧客戰略」，就是要真確的了解、分析及掌握下列三點，一是顧客到底是誰？二是顧客要什麼？三是如何做到顧客想要的？然後再進一步了解、分析及掌握下圖相關細項。

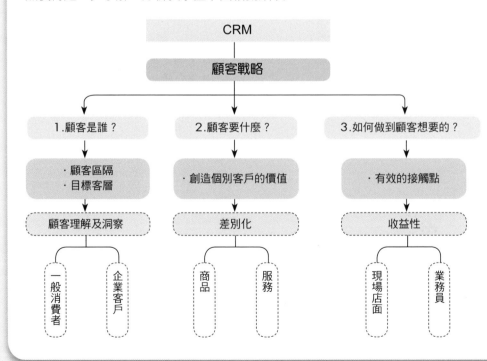

實現CRM的四個步驟層次

Start →

01 戰略面

顧客戰略是什麼？

02 知識面

對顧客輪廓（Profile）的理解與洞察

03 戰術規劃面
（業務流程及組織面）

| ① 行銷4P（Marketing） | ② 銷售（Sales） | ③ 服務（Service） |

對行銷4P、對組織、對人的安排妥當。

04 執行力面

從這些關鍵接觸點中，做完美的服務。

| ④ 業務員 | ③ 客服中心 | ② 現場店面 | ① e化行銷（e-marketing） |

↑ End

CRM：就是企業的顧客戰略

| 1. 顧客到底是誰？ | 2. 顧客要什麼？ | 3. 如何做到顧客想要的？ |

顧客資料是 CRM 的基軸

隨著電腦和網路技術的發展，顧客購買方式、企業銷售模式發生了巨大的改變。對於任何企業而言，顧客是企業發展的基礎，是企業實現贏利的關鍵。企業在市場競爭中不斷提高自身核心競爭力的同時，也愈來愈關注顧客滿意度與顧客忠誠度的提升。顧客的滿意和忠誠不是透過簡單的價格競爭即能得來，而是要靠資料庫和顧客關係管理 (CRM) 系統，從與顧客的交流互動中更好地了解顧客需求來實現。

一、顧客資料庫是 CRM 的基軸

CRM 的基軸所在內涵，就是「顧客資料庫」(Database)，必需多方與多管道蒐集到更多、更新與更完整的顧客資料，否則無法進行顧客關係管理與會員有效經營，也無法進行後續的 8P/1S/1C 的行銷組合計畫及行動，最後無法長期維繫住與顧客的良好及忠誠關係。

上述 8P/1S/1C 的行銷組合計畫及行動，包括產品規劃、定價規劃、促銷規劃、通路規劃、活動規劃、廣告規劃、服務規劃、現場環境規劃、作業流程規劃、經營模式規劃、人員銷售規劃等。

二、與顧客的接觸點

企業有很多日常工作與管道，來與往來顧客進行接觸，如下列至少有 12 項具體管道，可以接觸到或面對顧客的面孔、或聽取其聲音、或經由網站看到其意見與反應。

12 項具體管道稱之為「與顧客的接觸點」(Contact Point)，包括客服中心電話、業務人員面對面、店面服務人員面對面、總機、傳真、電子郵件 (E-mail)、DM 宣傳單、ATM 機、手機、電子商務 (EC)、網站、展示會／展覽會，以及其他資訊等。

三、CRM 系統要區別出優良顧客

CRM 系統的重要目的之一，就是透過顧客倉儲、顧客區隔、顧客分析，以及顧客採礦等程序，以區別出本公司或本店、本館的優良顧客、貢獻度大顧客、有效顧客、信用好顧客。然後針對這些經常來購買，或購買金額較大的優良顧客，提出更為優惠、尊榮，與一對一客製化的對待及接待。

同樣地，透過上述程序，也能區別出哪些是本公司或本店、本館的非優良顧客、貢獻度小顧客、不太有效顧客、信用不好顧客出來。然後針對這些不經常來購買，或購買金額較小的非優良顧客，一般對待即可。

顧客資料庫是CRM的基軸

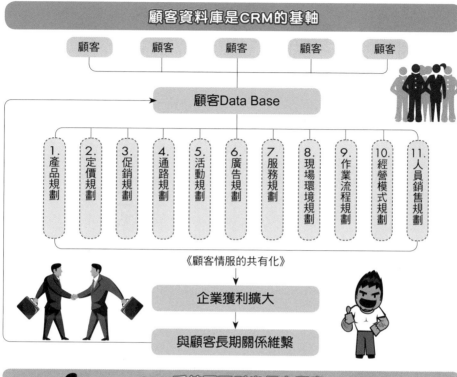

顧客　　顧客　　顧客　　顧客　　顧客

顧客Data Base

1. 產品規劃
2. 定價規劃
3. 促銷規劃
4. 通路規劃
5. 活動規劃
6. 廣告規劃
7. 服務規劃
8. 現場環境規劃
9. 作業流程規劃
10. 經營模式規劃
11. 人員銷售規劃

《顧客情服的共有化》

企業獲利擴大

與顧客長期關係維繫

CRM系統要區別出優良顧客

CRM System

Data-Base

① 顧客倉儲
② 顧客區隔
③ 顧客分析
④ 顧客採礦

優良顧客	非優良顧客
貢獻度大顧客	貢獻度小顧客
有效顧客	不太有效顧客
信用好顧客	信用不好顧客

· 提升行銷與服務等級
· 投入較多資源與成本

· 一般對待即可

7-5 資料採礦的意義、功能及步驟

　　由於資訊科技的進步，網路的無遠弗屆，企業得以大量的蒐集及儲存資料。但累積的大量資料不僅占用空間，並且無法直接增加企業的價值，人們逐漸體會到大量資料並非就是大量的資訊，資料分析與萃取乃勢在必行。

一、何謂資料採礦？

　　所謂資料採礦 (Data Mining) 是從堆積如山的資料倉儲中，挖掘有價值的資訊情報，並發現有效的規則性及關聯性，然後施展各種行銷手法，以達成預定的目標或解決相關的問題點。

二、資料採礦的功能——區隔市場

　　資料採礦的功能主要是對顧客加以分組 (Grouping) 或者區隔化 (Segmentation)。其區隔變數，可區分成人口統計變數（定量）、地理區域變數（北部／中部／南部）、心理與消費行為變數（定性）、生活型態與價值觀（定性）四大類區隔變數。

　　其中以下列人口統計變數為主軸：

　　(一) **性別**：男、女。

　　(二) **年齡**：15～20 歲；20 歲代（20～29 歲）；30 歲代（30～39 歲）；40 歲代（40～49 歲）；50 歲代（50～59 歲）；60 歲代（60～69 歲）；70 歲以上。

　　(三) **職業**：學生、家庭主婦、退休人員（銀髮族）、白領上班族、藍領上班族、自由業、店老闆、專技人員、軍公教人員。

　　(四) **學歷**：國中、高中、專科、大學、研究所。

　　(五) **所得水準**：個人所得／家庭所得／所得範圍（低／中／高）。

　　(六) **家庭成員**：小孩、父母親。

　　(七) **種族（省籍）**：外省人、客家人、閩南人、原住民。

　　(八) **宗教**：佛教、基督教、天主教。

　　(九) **政黨取向**。

　　(十) **婚姻**：已／未婚。

三、資料採礦案例說明

　　以電視購物業為例，由上述資料採礦抓取出最優顧客群定量輪廓 (Profile)，可能是：女性、家庭主婦、有一個 10 歲內小孩、中等學歷（專科／高中）、中等家庭所得（8 萬元、年齡在 30～40 歲之間）。再如，經由資料採礦抓取出其資訊 3C 大賣場、對資訊 3C 商品類的最優顧客群定量輪廓，可能是：男性、白領上班族、高學歷（大學、研究所）、未婚、中高所得、年齡在 23～35 歲之間。

資料採礦三步驟

1.行銷目標的確定（目標設定）

| EX：提升促銷活動反應率 | EX：提升型錄回應率0.5% | EX：提升忠誠顧客來店次數 |

2.資料準備

・資料的選擇

・資料的前處理

Database

3.資料採礦（Data Mining）

資料採礦統計 ➕ 技術處理進行

4-1.顧客區隔（Segmentation）

4-2.目標行銷作業（Targeting）

資料採礦的目標

2.解決對策分析討論

3.具體方案擬定

4.展開執行

1.課題設定

Data Mining

5.問題解決

7-6 資料採礦的功能、效益及 RFM 分析法

資料採礦通常涉及套用演算法與統計分析資料，這是發現關鍵商機和洞察商務處理程序的方法。

無論是企業想嘗試決定市場區隔、進行市場研究分析，還是預測薯條促銷將賣出大量熱狗的可能性，靈活運用資料採礦的功能，可提供決策者做出最適當且最具效益的決策方案。

一、資料採礦功能的理解

資料採礦 (Data Mining) 主要具有四大重要功能，一是區隔化，也稱區隔顧客群 (Segmentation)；二是聯結分析 (Link Analysis)；三是判別；四是預測。我們以預測將來的優良顧客層購買行動為例，說明如下：

第一步：對優良顧客的 Segmentation。在龐大的顧客資料庫中，如何有效的將優良顧客區分出來，包括依據購入總金額高、購買頻率高的為指標。例如區分為 A、B、C、D 等四群 (Cluster) 顧客群。

第二步：利用 Link 分析。分析這些優良顧客群過去的購買履歷狀況，例如：

顧客 A 群：經常購入 X、Y 兩大類商品，各占多少比例。

顧客 B 群：經常購入 X、Y、Z 三類商品，各占多少比例。

第三步：對優良顧客屬性的模組化；亦即對優良顧客的購買行動，加以預測（判別預測）。例如，可從年齡、性別、職業、年收入四面向，來判別優良顧客屬性的行為，得到的可能是：「25～30 歲、男性、白領上班族、年收入在 50～70 萬之間。」

然後針對他們所需要的產品進行各種促銷活動，或新品開發，或一對一宣傳。另外，亦可針對這類屬性的顧客，爭取成為新顧客。

二、資料採礦的分析用途（效益發揮）有哪些？

資料採礦的效益發揮，可用兩種層面來看待，一是基礎分析效益；二是促進行銷各種應用實戰效益。這兩種層面的詳細內容如右圖所示。

三、以 RFM 分析為基礎的資料庫行銷

資料庫行銷的分析基礎，就是所謂的 RFM 分析方法。何謂 RFM 分析方法的意涵呢？如下所述並舉例說明如右圖。

R：Recently，即是最近什麼期間內有購買？

F：Frequently，即是買了多少次？

M：Monetary Value，即是合計買了多少錢？

資料採礦的分析效益

1.基礎分析效益

① RFM分析
② 顧客分級分析
③ 商品群Profile分析
④ 顧客群Profile分析
⑤ 顧客購買行動分類分析
⑥ 季節性消費行為分析
⑦ 顧客忠誠度行為分析

2.促進行銷各種應用實戰

① 業務銷售促進
② SP促銷活動促進
③ 商品開發方向促進
④ 回應率促進（型錄、網路、預購、預訂）
⑤ 通路活動促進
⑥ Event活動促進
⑦ 提升服務活動促進
⑧ 獲取新客戶促進
⑨ 挽回舊客戶促進
⑩ 提升顧客忠誠度促進
⑪ 提升顧客滿意度促進

何謂RFM分析法

R	Recently（最近什麼期間內有購買）
F	Frequently（買了多少次）
M	Monetary Value（買了多少錢）

RFM分析法例舉

R：1個月內／3個月內／6個月內／9個月內／1年內
F：買1次／買2次／買3次／買4次／買5次
M：1萬元以內／1～2萬元／2～3萬／3～4萬／4萬以上

RFM分析可以計算出5×5×5＝125個顧客群的區隔面貌（即顧客Group化或Segment化）。

RFM案例：

	R		F		M		合計得點
	最近購買日		過去1年購買次數		過去1年購買金額		
消費者A	30天前	得3點	5次	得3點	21萬元	得4點	得10點
消費者B	20天前	4點	2次	1點	5萬元	1點	6點
消費者C	60天前	1點	5次	3點	4萬元	5點	9點
消費者D	10天前	5點	5次	1點	1萬元	3點	9點

根據RFM分析，消費者A，為最優良顧客

CRM 應用成功企業個案分析

最近日本有一家新創業的 Dr.Ci:Labo 中小型企業的化妝品及美容機器設備銷售公司，近五年來，連續在營收及獲利均有顯著成長。2012 年營收額計有 150 億日圓及獲利 30 億日圓，目前員工人數為 250 人。這家公司係以皮膚科醫生創新研發保養肌膚為專用化妝美容保養品主軸，並切入此領域的護膚利基新市場。

Dr.Ci:Labo 從 2004 年開始導入 CRM 系統，對顧客實施新的商品開發及促銷溝通方法後，獲利率均能維持在 20% 的高水準。該公司在皮膚科專業醫師協力下，開發出護膚的美容保養品，受到消費者的高度好評。

一、建立一般及特殊性兩大資料庫

該公司導入 CRM 系統，首先有兩大資料庫系統。一是一般性的「顧客管理基礎資料庫」。這個資料庫，主要以蒐集銷售情報、顧客情報、商品情報三種資料庫，希望對此資料倉儲 (Data Warehouse) 展開一元化管理。

另一個 CRM 系統是比較特殊且具特色的，即該公司建立「肌膚診斷資料庫」，目前已累積 15 萬人次的顧客肌膚診斷結果的資料庫。由於該公司導入肌膚診斷資料庫，並且適當的提出對顧客應該使用哪一種護膚保養品之後，該公司在此類產品的購買率呈現二倍成長，其效果遠勝於廣告的效果。

二、CRM 的兩大用途功能

該公司在建立各種來源管道的顧客資料倉儲之後，再進行 OLAP（On Line 分析處理）系統，以及行銷部門的資料開採 (Data Mining) 系統。而該公司目前成功的運用 CRM 系統，主要呈現在兩個大方向。

第一個用途是對於新商品開發及既有產品的改善，產生非常好的效果。因為在數十萬筆資料倉儲及資料開採過程中，可以發現顧客對本公司產品使用後的效果評價、優缺點建言等，可作為既有商品的強化之用。另外，對於顧客的新問題點，亦有助於開發出新產品，以解決顧客對肌膚問題保養及治療的問題需求。另對於衍生出健康食品及保健藥品的新多角化商品事業領域的拓展，也能從這些顧客資料庫的心聲及潛在需求，而獲得反應、假設、規劃、執行及檢證等行銷程序。

第二個用途功能則是對於顧客會員 SP 促銷正確有效的運用。該公司依據顧客不同的年齡層、購入次數、購入商品別、生活型態、肌膚不同性質、工作方式等，將每月寄發給會員誌刊物，加以區別歸納為 2～4 種不同的編製方式及促銷方案。此種精細區分方法，主要目的乃在於摸索出最有效的訴求方式、想要的商品需求，以及最後的購買商品回應率有效提升之目的。

CRM系統導入架構　日本Dr. Ci:Labo醫學美容公司實例

1. 基礎系統
① 銷售情報
② 顧客情報
③ 商品情報

2.Web 系統
① 銷售情報
② 顧客情報
③ 商品情報

3. 直營店支援系統
① 銷售情報
② 顧客情報
③ 商品情報

4.顧客管理資料庫（Data Base）

包括客服中心、現場直營店面、委外市場調查及網站調查等蒐集管理，並且設有專責單位及專責人員負責詳細規劃及分析。

目前該公司15萬人次顧客肌膚診斷的資料，主要是來自直營店的現場診斷紀錄、郵寄問卷答覆、在網站上開設網頁的E-mail答覆，以及客服中心、顧客與美容師詢答。這些詢答問卷，包括這些顧客的生活型態、工作型態、肌膚不同狀態、對肌膚的日常處理方式、需求分析、過去使用哪些產品、目前出現的問題是什麼、季節不同的影響等12個問題點。可說是對資料的要求非常精細與完整。

5.肌膚診所資料庫（Data Base）

分析規則

6.顧客管理資料庫（Data Base）

7.OLAP	8.OLAP（Business Objective）	9.Marketing
營業支援商品管理	新商品開發會談內容分析	SP促銷活動實施效益測定

傾聽顧客需求，全員成為「行銷人」
Dr. Ci:Labo公司要求任何新進員工，包括客服、業務及幕僚人員等，均必須具備護膚及保養的專門知識，通過測試後，才可以正式任用。該公司總經理石原智美，長久以來即要求營業人員、客服中心人員、幕僚人員及推動CRM部門人員，務必要盡可能親自聆聽顧客對自身肌膚感覺的聲音，加以重視，並且有計畫、有系統、有執行作為的充分有效蒐集及運用。然後創造出來在新商品的開發的創意、販促活動的創意及事業版圖擴大的最好依據來源，並且要納入每週主管級的「擴大經營會報」上提出反省、分析、評估、處理及應用對策。換言之，石原智美總經理希望透過這套精密資料的CRM系統的活用，成為公司的特殊組織文化及企業文化，深入全體員工的思路意識及行動意識。她說：「希望達成公司全員都是Marketer（行銷人）的目標。」

知識維他命

發掘顧客更多「潛在性需求」

Dr. Ci:Labo 公司，五年前是以型錄販賣為主，目前會員人數已超過 190 萬人，重購率非常高，平均每位會員每年訂購額為 5 ～ 10 萬日圓。該公司最近也展開直營店的開設，希望達到虛實通路合一的互補效益，以及加速擴大 Dr. Ci:Labo 的肌膚保養品品牌知名度，加速公司營運的飛躍成長，能從中小型企業，步向中型企業的規模目標。由於這套 CRM 系統的導入，實現了有效率的新商品提案及既有商品改善提案，發掘了更多顧客的「潛在性需求」，迎合了個別化與客製化的忠誠顧客對象，最終對公司營收與獲利的持續年年成長，帶來顯著的效益。這是一個 CRM 應用成功的個案分析，值得國內企業及行銷界專業人士作為借鏡參考。

Date _____/_____/_____

第 8 章
服務品質概論

8-1 　服務品質的定義

一、Garvin 學者的定義

Garvin 的服務品質理論，係從五個方面討論有關服務品質 (Garvin,1984)。

(一) **凌駕的觀點** (Transcendent Approach)：此觀點說明服務品質沒有一定的標準定義，是比較單純但不容易分析的理論，且是經過經驗才可以認知的。品質可用標準化的規範與較高的成就感來表達，意思是人們用不斷的經驗來認知品質。

(二) **基於產品觀點** (Product-based Approach)：這理論是在品質是正確且可以測量的變數前提下成立的，品質差異是產品擁有的屬性與構成成本上的差別，這是非常客觀的觀點，所以有不能夠說明主觀的興趣、欲望、偏好度等的缺點。

(三) **基於使用者觀點** (User-based Approach)：品質是由顧客主觀認定的，顧客是否滿足決定了品質的好壞。這樣主觀而需求導向的定義，又包含顧客所有不同的欲望和需求的事實，以期提供給顧客滿意的效率為主。品質是有關滿足顧客需求的能力，同時是滿足產品和服務特性的總合體。而產品為了滿足多樣化的顧客需求，在產品設計上一定要有獨特的品質差異，稱為「設計品質」(Quality of Design)，即指在產品設計上品質的差異程度。

(四) **基於製造觀點** (Manufacturing-based Approach)：這是和生產或工程有關的主張，而重視「需求事項上的一致性」。品質的優勢相同於「從頭開始就做好的產品」的說法。在服務業上說的「一致性」，代表正確性、即時性等。這種觀點就是生產導向，而這個觀點說的品質是以工程與製造決定，所以隨著生產目標與減少原料的標準來規劃產品的明細，是決定產品品質的主要觀點。

(五) **基於價值觀點** (Valued-based Approach)：這是以價值與價格的關係為決定品質的考量。根據最近的調查，這個理論愈來愈有吸引力，而且品質慢慢可以價格作為討論。這個方法反應出優越性與價值，不過「可以負擔的優越性」的概念，也是非常主觀的且不容易判斷，因為品質變成相對的觀念。

Garvin 整理的品質概念不是限制於本來的使用者與生產者，而是強調長期間對整體社會影響的效用與社會損失，就是使用時間、Energy 等，所有型態的資源使用與客觀、主觀的效用來判斷。

二、Zeithaml (1988) 對服務品質的定義

是對服務的整體優越性或是優秀性的消費者評價，各自特性內容如下：

(一) 服務品質不同於客觀、實在的品質。

(二) 服務品質不是具體概念，而是非常抽象的概念。

(三) 服務品質和態度類似的概念，就是整體性的評價。

(四) 品質評價大部分是以比較概念來說明，就是隨著顧客個別的服務比較相對的優越性或是優秀性，可以評價高或是低。

服務業的品質與呈現

服務品質定義的五種面向

(1)
基於消費者、使用者使用後主觀感受及體會的觀點！

(2)
基於這個服務性產品好壞觀點，而來決定服務品質！

(5)
基於用人們不斷的經驗來認知！

服務品質定義的五種面向

(4)
基於從價值創新與創造的觀點，來評斷它的服務品質好不好！

(3)
基於從製造過程一開始或服務一開始，就決定它的服務品質！

服務品質是服務業的根本生命

服務業的五大呈現

高不高！服務價格感受	方不方便！服務通路感受	大不大！服務推廣宣傳	好不好！服務產品	好不好！服務品質

Service Quality！
服務品質！根本生命！

讓消費群感受極佳！

一、「知覺品質」的定義（Zeithaml 學者）

許多研究者強調客觀品質及知覺品質 (Perceived Quality) 是不同的，在文獻上客觀品質被用來描述產品在實際技術上的優越性，而知覺品質則被定義為顧客對於產品整體優越程度的判斷。知覺品質的特性包含了不同於實體或真實的品質，且較特定產品的屬性而言具有較高的抽象性，在某些案例中應作整體性的評價（與態度相似），以及顧客的判斷通常來自於其內在的喚起組合等。

Zeithaml(1988) 將知覺品質的成分整合成如下，以推測其關聯性，並提出以下觀點：

1. 顧客會以較低階的屬性為線索推測品質；2. 內在產品屬性是針對特定產品的，但品質的層面可以依產品的種類及分類來一般化；3. 外在屬性如價格、品牌等，可作為一般品質的指標；4. 在消費當時、購買前，內在屬性為可搜尋的，及內在屬性具有高預期價值時，顧客會依賴內在屬性高於外在屬性；5. 初次購買而內在線索無法獲得時，或獲得內在線索所需要的時間和努力超過消費者的意願及品質難以評估時，顧客依賴外在屬性高於內在屬性。

事實上，消費者的知覺品質會隨著資訊的增多，產品類別中競爭者的增加，以及消費者預期改變等因素而轉變，故應隨時調整產品及促銷策略作為因應。

二、服務品質的分類

（一）Juran (1974) 認為可將服務品質分成五大類（杉本，1991，p.178）：1. 內部品質 (Internal Qualities)：使用者看不到的內部品質；2. 硬體品質 (Hardware Qualities)：使用者看得見的實體品質；3. 軟體品質 (Software Qualities)：使用者看得見的軟體品質；4. 即時反應 (Time Promptness)：服務時間與迅速性；5. 心理品質 (Psychological Qualities)：有禮貌的應對，款待親切。

（二）Rosander(1980) 認為，由於服務的一些特性，服務業需要一個比製造業更廣的服務品質：1. 人員績效的品質 (Quality of Human Performance)；2. 設備績效的品質 (Quality of Equipment Performance)；3. 資料的品質 (Quality of Data)；4. 決策的品質 (Quality of Decisions)。

（三）如果由服務的過程來看，則服務品質是由下列二者共同完成 (Lehtinen,1983)。1. 過程品質 (Process Quality)：服務進行過程中，顧客對服務水準的判斷；2. 產出品質 (Output Quality)：服務完成後，顧客對服務品質的判斷。

服務的完整過程可分為 1. 消費前；2. 消費時；3. 消費後三個階段，亦即消費前的服務期望、消費時的服務傳遞與消費後的服務產出完成。前段所述服務品質，是包含服務傳遞過程的品質及服務產出完成的品質。

服務品質的分類

(一) Juran觀點：

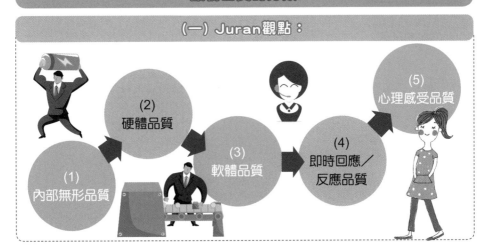

(1) 內部無形品質

(2) 硬體品質

(3) 軟體品質

(4) 即時回應／反應品質

(5) 心理感受品質

(二) Rosander觀點：

(1) 人員績效的品質

(2) 設備績效的品質

(3) 資料的品質

(4) 決策的品質

(三) Lehtinen觀點：

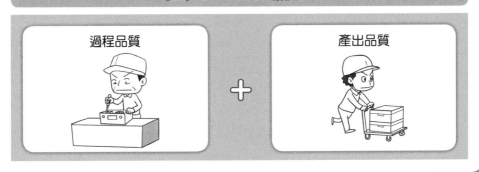

過程品質 + 產出品質

服務的關鍵時刻 (MOT)

一、服務的循環：每一個「關鍵時刻」都是重要的

要評斷一家公司的服務品質，最明顯的著手處就是列出感受關鍵點，即該筆生意的每一次關鍵時刻 (Moment of Truth, MOT)。想想自己的事業，哪些是顧客用來評斷你企業的各種不同接觸點？你有多少機會得分？

想像你的公司是在服務循環中與顧客接觸，這是一個重複的連鎖事件，不同的人在其中努力達成顧客在每一個點上的需求和期待。服務循環是顧客在一個組織內各個接觸點的分布圖，從某方面來說，這是透過顧客的眼睛來看你的公司。這個循環始於顧客與貴公司之間的第一個接觸點，可能是顧客看到你的廣告第一眼、接到業務人員的第一通電話、撥第一通電話或上網站查詢等，或者是任何一項開啟生意流程的事件。只有在顧客認為服務完成了，這個循環才算結束。但這也是暫時的。一旦顧客決定要回來接受更多的服務時，循環又開始了。

為了幫助你發掘面對顧客時的重要關鍵時刻，你要畫一個特別服務循環的圖示。將這個循環盡可能細分為具有意義的部分片段，然後找出發生在循環中的各個關鍵時刻，試著將特別的關鍵時刻，與顧客經驗的特定階段或步驟結合在一起。

二、關鍵時刻 (MOT) 的規劃模式

關鍵時刻重點在於，學習如何從發掘顧客（外顯與潛在的）期望 (Explore)、提出一個適當的提議 (Offer)、接續的行動 (Action) 和確認 (Confirm)。這是一種持續不斷的練習流程。

服務的關鍵時刻循環

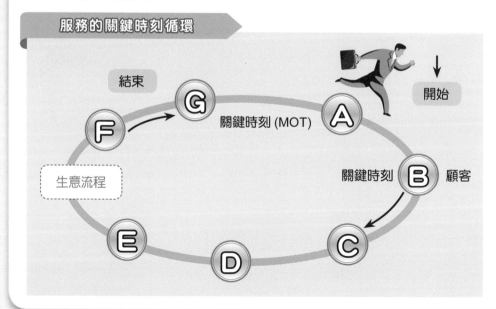

關鍵時刻案例

陶板屋用餐

① 電話預約訂位的感受！

② 到現場進入店內的招待帶場入位人員的感受！

③ 點餐人員服務水準的感受！

陶板屋六個服務關鍵時刻！

⑥ 離場／離開店時，服務人員水準感受！

⑤ 結帳人員／填寫問卷的服務水準感受！

④ 送餐／上餐人員服務水準感受！

第八章 服務品質概論

131

信用卡服務中心

(1) 自動語音詢答選擇按鍵繁雜感受！

信用卡客服中心四個服務關鍵時刻！

(4) 客服人員服務態度水準感受！

(2) 客服人員接上電話速度感受！

(3) 客服人員專業能力、解決問題能力水準感受！

8-4　服務的 P-Z-B 模式

一、Parasuraman、Zeithaml 與 Berry 的服務品質模型（P-Z-B 模式）

服務可以定義在顧客重視的服務與其明細表上的一致性，服務品質是以顧客為認知的，所以以為了在服務品質做改善，應該減少顧客的需求、期待和企業能力上的差異，但是實際上很難做到這種一致性。

Parasuraman 等根據上述的理論，研究出品質缺口模型 (Quality Gap Model)。由右圖可知，此模型和 Grönroos 模型差不多，用期待的服務與知覺的服務之差異，來決定以消費者為評價的服務品質。

可是這個模型和 Grönroos 模型最明顯的差別，在於服務品質的評價上，顧客與企業兩方都有考慮。服務品質的結果是以缺口 5（期待的服務與認知的服務差異）來決定，可是這個缺口 5 是跟缺口 1、缺口 4 有關聯的，所以缺口 1、缺口 4 的大小與方向，會影響缺口 5（缺口 5 是由顧客決定）。

二、四個品質缺口的具體說明

(一) 服務品質缺口 1

在經營者誤解對顧客服務品質的認知時，企業的管理者不知道公司哪些服務是顧客覺得高貴的服務，或是怎麼做服務才能滿足顧客。管理者對顧客了解不足是發生缺口 1 的原因，而這是因為市場調查的不足、雙方溝通不足及複雜的管理階層等因素所造成。

(二) 服務品質缺口 2

服務品質標準有錯誤的時候會產生品質缺口。原因是對顧客期待一致的成果標準，於開發上因為有限制而不能做到的時候發生。而經營者的企圖心不夠、業務標準化的不足、沒有設定明確標準等原因，這些也是不能做出標準服務明細的緣故。

(三) 服務品質缺口 3

明細表上的服務與實際上提供的服務發生差異的原因，在於執行的員工不能完整做到明細表上記錄的服務項目時所發生。這些原因包括解釋不清楚、角色衝突、員工與業務不適合、技術與業務不適合、不適當的管制系統、角色認知的缺乏。

(四) 服務品質缺口 4

企業的約定與產品本身不符的時候，就是在服務上提供的約定沒有完整的遵守，原因是不適當的水平溝通與過度承諾約定。

服務品質模型與等級

Parasuraman、Zeithaml與Berry的服務品質模型

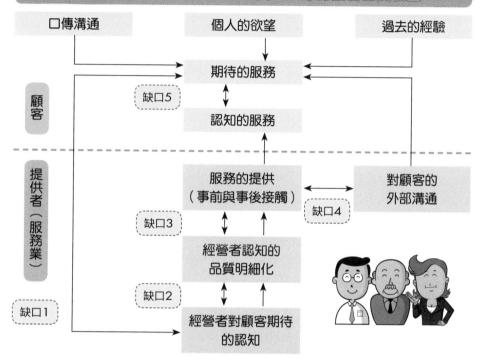

資料來源：A Parasuraman, Valarie A. Zeithaml, & Leonard L. Berry. "A Conceptual Model of Service Quality and It's Implication for Future Research".（P-Z-B模型）

服務品質的等級

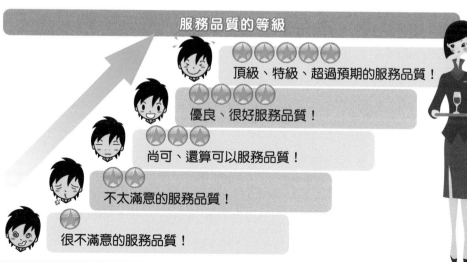

頂級、特級、超過預期的服務品質！

優良、很好服務品質！

尚可、還算可以服務品質！

不太滿意的服務品質！

很不滿意的服務品質！

Date _____/_____/_____

第 9 章
服務業營運管理概述

管理的定義與經營管理矩陣

談管理，一般以為簡單，其實成為企業「管理者」或「經理人」並不容易。一家成功經營的企業，必然也是一家管理成功的企業，內部一定會有一個優越的「經營團隊」或「管理團隊」；反過來說，則會是一個失敗的企業。因此，企業的成敗，關鍵就在「經營」與「管理」。但「管理」是什麼呢？

一、管理定義面面觀

(一) 主管人員運用所屬力量完成：管理是指主管人員運用所屬力量與知識，完成目標工作的一系列活動，即：運用土地、勞力、資本及企業才能等要素，透過計畫、組織、用人、指導、控制等系列方法，達到部門或組織目標的各種手法。

(二) 本身是一種程序：管理本身，可視為一種程序，企業組織得以運用資源，並有效達成既定目標。

(三) 透過資源達到目標：管理是透過計畫、組織、領導及控制資源，以最高效益的方法達到公司目標。

(四) 完成各種任務：彼得‧杜拉克 (Peter F. Drucker) 曾說：「管理是企業生命的泉源。」企業成敗的重要因素，在於是否能夠成功完成下列任務：完成經濟行為、創造生產成績、順利擔當社會聯繫及企業責任與管理時間。企業若要經營成功，必須要求企業功能部門主管，以管理職能執行管理活動。

(五) 應具備的管理職能：一個主管人員能成功從事管理工作，必須具有基本職能，包括以下四種：1. 規劃：針對未來環境變化應追求的目標和採取的行動，進行分析與選擇程序；2. 組織：建立一機構之內部結構，使得工作人員與權責之間，能發生適當分工與合作關係，以有效擔負和進行各種業務和管理工作；3. 領導：激發工作人員的努力意願，引導其努力方向，增加其所能發揮的生產力和對組織的貢獻為最大目的；4. 控制：代表一種偵察、比較和改正的程序，亦即建立某種回饋系統，有規則將實際情況（包括外界環境及組織績效）反映給組織。

(六) 有效達成目標：管理包含目標、資源、人員行動三個中心因素，泛指主管人員從事運用規劃、組織、領導、控制等程序，以期有效利用組織內人力、原物料、機器、金錢、方法等資源，並促進其相互密切配合，使能達成組織最終目標。

二、管理定義的總結

綜上所述，茲總結管理定義如下：「管理者立基於個人的能力，包括事業能力、人際關係能力、判斷能力及經營能力，然後發揮管理機能，包括計畫、組織、領導、激勵、溝通協調、考核與再行動，以及能夠有效運用企業資源，包括人力、財力、物力、資訊情報力等，做好企業之研發、生產、銷售、物流、服務等工作，最終能達成企業與組織所設定的目標。」這就是最完整的管理定義。

管理的定義與應用

管理的定義

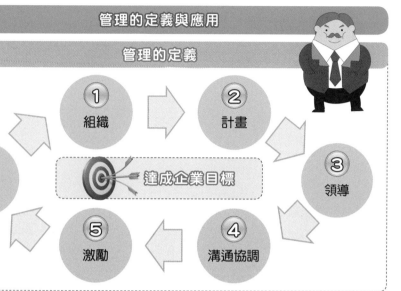

- ① 組織
- ② 計畫
- ③ 領導
- ④ 溝通協調
- ⑤ 激勵
- ⑥ 控制

達成企業目標

管理定義在組織體系的應用

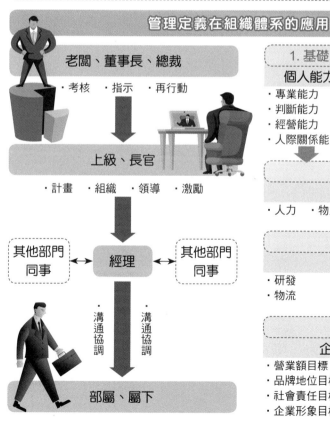

老闆、董事長、總裁
- ・考核　・指示　・再行動

上級、長官
- ・計畫　・組織　・領導　・激勵

其他部門同事 ↔ **經理** ↔ 其他部門同事

・溝通協調　・溝通協調

部屬、屬下

---

1. 基礎
個人能力
- ・專業能力
- ・判斷能力
- ・經營能力
- ・人際關係能力

2. 發揮
管理機能
- ・計畫　・組織
- ・領導　・激勵
- ・考核　・再行動
- ・溝通協調

3. 有效運用
企業資源
- ・人力　・物力　・財力　・資訊情報力

4. 做好
企業工作
- ・研發　・生產製造　・售後服務
- ・物流　・行銷、銷售

5. 達成
企業與組織目標
- ・營業額目標　・獲利目標
- ・品牌地位目標　・企業價值目標
- ・社會責任目標　・產業領導目標
- ・企業形象目標

P-D-C-A 管理循環

實務上，「管理」(Management) 經常被解釋為最簡要的 P-D-C-A 四個循環機制；也就是說，身為一個專業經理人或管理者，他們最主要的工作，即是做好每天、每週的計畫→執行→考核→再行動等四項工作。

一、P-D-C-A 管理循環之進行

問題是如何進行 P-D-C-A 的管理循環？以下步驟可供遵循（如右圖）：

（一）要會先「計畫」(Plan)：計畫是做好組織管理工作的首要步驟。沒有事先思考周全的計畫，做事情就會有疏失、有風險。所謂「運籌帷幄，決勝千里之外」，即是此意。

（二）然後要全力「執行」(Do)：說很多或計畫很多，但欠缺堅強的執行力，管理很容易變得膚淺，無法落實。執行力是成功的基礎，有強大執行力，才會把事情貫徹良好，達成使命。

（三）接著要「考核、追蹤」(Check)：管理者要按進度表進行考核及追蹤，才能督促各單位按時程表完成目標與任務。考核、追蹤是確保各單位是否如期、如品質的完成任務。畢竟，人是需要考核，才能免於懈怠。

（四）最後要「再行動」(Action)：根據考核與追蹤的結果，最後要機動彈性調整公司與部門的策略、方向、做法及計畫，而出發再行動，改進缺點，使工作及任務做得更好、更成功、更正確。

二、O-S-P-D-C-A 步驟思維

任何計畫力的完整性，應有下列六個步驟的思維，必須牢牢記住（如右圖）：

（一）目標／目的 (Objective)：1. 要達成的目標是什麼？ 2. 有數據及非數據的目標區分是如何？

（二）策略 (Strategy)：1. 要達成上述目標的競爭策略是什麼？以及 2. 什麼是贏的策略？

（三）計畫 (Plan)：研訂周全、完整、縝密、有效的細節執行方案或計畫。

（四）執行 (Do)：前述確定後，就要展開堅強的執行力。

（五）考核 (Check)：查核執行的成效如何，以及分析檢討。

（六）再行動 (Action)：調整策略、計畫與人力後，再展開行動力。

另外，值得提出的是，在 O-S-P-D-C-A 之外，共同的要求是必須做好兩件事：一是應專注發揮企業的核心專長或核心能力 (Core Competence)；二是要做好大環境變化的威脅或商機分析及研判。

如此一來，計畫力與執行力就會完整，這樣才能發揮管理的真正效果。

管理思維與四大循環

P-D-C-A管理循環

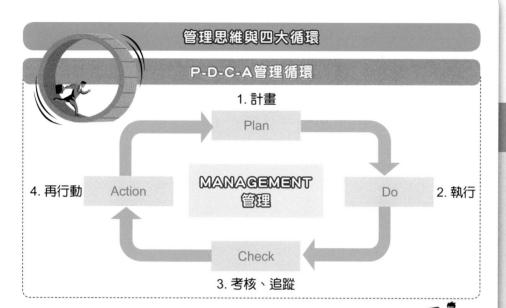

1. 計畫
Plan

MANAGEMENT
管理

4. 再行動 Action

Do 2. 執行

Check

3. 考核、追蹤

完整O-S-P-D-C-A六步驟思維

O 目標／目的 (Objective)
・要達成的目標是什麼？
・有數據及非數據的目標區分如何？

S 策略 (Strategy)
・要達成上列目標的競爭策略是什麼？
・什麼是贏的策略？

P 計畫 (Plan)
・研訂周全有效的細節執行計畫

D 執行 (Do)
・展開執行力

C 考核 (Check)
・查核執行成效如何並分析檢討

A 再行動 (Action)
・調整策略、計畫與人力後，再展開行動力

洞見

外部大環境各項因素不斷變化的意涵、威脅或商機是什麼？

＋

抉擇／堅守

公司自身最強的核心專長、核心能力之所在，然後聚焦攻入取得戰果。

139

一、影響企業的環境因素

環境是企業營運系統互動的一環,所以現代企業對科技、社會、政經、國際化等環境演變,都賦予高度關注。

(一) 企業為何要研究環境

1. 策略觀點:美國著名的策略學者錢德勒 (Chandler) 曾提出他頗為盛行的理論,亦即:環境→策略→結構 (Environment → Strategy → Structure) 的連結理論。錢德勒認為企業在不同發展階段會有不同的策略,但不同的策略改變或增加,實乃是內外部環境變化所導致;如果環境一成不變,策略也沒有改變之需要;當經營者策略改變,組織的結構及內涵也必要配合,才能使策略落實踐履。因此,在錢德勒的觀點,環境是企業經營之根本基礎與變數,占有舉足輕重地位,故應深加研究。

2. 市場觀點:企業的生存靠市場,市場可以主動發掘創造,也可以隨之因應。而就市場的整合觀念來看,它乃是全部環境變化的最佳表現場所。因此,掌握了市場,正可以說是控制了環境,此係一種反溯的論點。

3. 競爭觀點:在資本主義與市場自由經濟的運作體系中,都依循價格機能、供需理論與物競天擇、優勝劣敗之道路而行,企業如果沉醉於往昔成就,而不規劃未來發展,勢必面臨困境。因此,企業唯有認清環境,不斷檢討、評估與充實所擁有之「優勢資源」,才能在激烈競爭的企業環境中,立於不敗之地。而環境的變化,會引起企業過去所擁有優勢資源條件的變化,從而影響整合的競爭力。

綜上得知,從策略、市場與競爭三個觀點來看待企業與環境的關係,足以證明環境分析、評估與因應對策,對企業整體與長期發展,是關鍵的重要角色。

(二) 影響企業的直接與間接環境

除上述企業為何對環境賦予高度關注的觀點分析外,企業被環境影響的因素還可分為直接與間接兩種,茲說明如下:

1. 直接影響環境因素:是指直接的、即刻的影響到企業營運的因素,包括可能即刻影響到企業營運的收入來源、成本結構、獲利結構、市場占有率或顧客關係等重要事項。影響企業營運活動的四種主要環境因素,包括供應商環境、顧客群環境、競爭群環境、產業群環境或其他壓力等。

2. 間接影響環境因素:除直接影響環境外,企業營運活動也受到間接環境因素的影響,包括政治、法律、經濟、國防、科技、生態、社會、文化、教育、倫理,以及流行趨勢、人口結構等狀況改變。

可見外在環境的變化對企業影響之重大,如果企業不時時留意並掌握變動情報資訊,進而擬定因應對策,有可能會被市場潮流給淹沒而不自知。

環境因素對企業的影響

企業為何要研究環境

① 策略觀點

美國著名的策略學者錢德勒(Chandler)曾提出他頗為盛行的理論，亦即：環境→策略→結構(Environment → Strategy → Structure)的連結理論。在錢德勒的觀點，環境是企業經營之根本基礎與變數，占有舉足輕重地位，故應深加研究。

② 市場觀點

企業的生存靠市場，市場可以主動發掘創造，也可以隨之因應。掌握了市場，正可以說控制了環境，此係一種反溯的論點。

③ 競爭觀點

在資本主義與市場自由經濟的運作體系中，都依循價格機能、供需理論與物競天擇、優勝劣敗之道路而行。因此，企業唯有擁有「優勢資源」，才能立於不敗之地。

企業四種直接影響環境因素

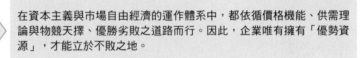

1. 供應商環境

4. 產業或壓力團體環境　　企業　　2. 顧客群環境

3. 競爭群環境

企業九種間接影響環境因素

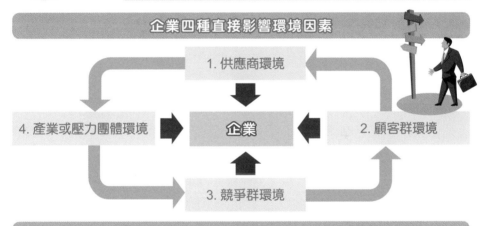

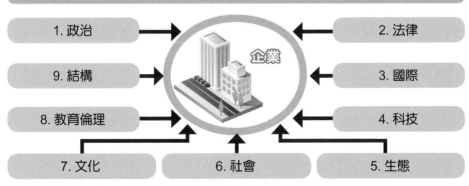

1. 政治　　　　　　企業　　　　　2. 法律

9. 結構　　　　　　　　　　　　　3. 國際

8. 教育倫理　　　　　　　　　　　4. 科技

7. 文化　　　6. 社會　　　5. 生態

9-4 監測環境的來源與步驟

由於外在的因素直接與間接影響環境，頗為複雜且多變化，因此企業必須有一套監測系統，而且要有專人負責，定期提出分析報告及其因應對策。對於緊急且重大影響，更是要快速、機動提出，以避免對企業產生不利的衝突及影響。

一、監測組織單位及功能

一般來說，企業內部大致有兩種監測：

（一）**專責單位**：例如經營分析組、綜合企劃組、策略規劃組、市場分析組等不同的單位名稱，但做的都是類似的工作任務。

（二）**兼責單位**：各個部門裡，由某個小單位負責，例如：營業部、研究發展部、法務部、採購部等設有專案小組，均有其少部分人員兼責蒐集市場及競爭者訊息。

二、訊息情報來源管道

企業外部動態環境的訊息情報來源管道，大概可來自下列各方：

1. 上游供應商；
2. 國內外客戶；
3. 參加展覽看到的；
4. 網站上蒐集到的；
5. 派駐海外的分支據點蒐集到的；
6. 專業期刊、雜誌報導；
7. 同業漏出的訊息情報；
8. 銀行來的訊息情報；
9. 政府執行單位的消息；
10. 國外代理商、經銷商、進口商所傳來的訊息；
11. 政府發布的資料數據；
12. 赴國外企業參訪得到的訊息；
13. 由國內外專業的研究顧問公司及調查公司得知。

三、監測分析步驟

有關對環境演變及訊息情報的監測分析步驟如下：1.針對直接與間接環境變化趨勢方向及重點加以蒐集資料；2.針對蒐集到的資料加以歸納、分析及判斷，提出有利與不利點；3.最後提出本公司因應對策與可行方案，以及 4.專案提報討論及裁示。

環境監測與訊息情報來源

訊息情報來源管道

1. 上游供應商
2. 國內外客戶
3. 參加展覽看到的
4. 網站上蒐集到的
5. 派駐海外的分支據點蒐集到的
6. 專業期刊、雜誌報導
7. 同業漏出的訊息情報
8. 銀行來的訊息情報
9. 政府執行單位的消息
10. 國外代理商、經銷商、進口商所傳來的訊息
11. 政府發布的資料數據
12. 赴國外企業參訪得到的
13. 由國內外專業的研究顧問公司及調查公司得知

監測分析步驟

1. 針對直接與間接環境變化趨勢方向及重點加以蒐集資料。

2. 針對蒐集到的資料加以歸納、分析及判斷，提出有利與不利點。

3. 最後提出本公司因應對策與可行方案。

4. 專案提報討論及裁示。

企業營運管理的循環 ——服務業

製造業的營運管理循環與服務業最大的差異是，前者是以生產產品為主軸，後者是以「販售」及「行銷」產品為主軸。

一、服務業的涵蓋面

服務業是指利用設備、工具、場所、訊息或技能等，為社會提供勞務、服務的行業。例如：統一超商、麥當勞、新光三越百貨、家樂福、佐丹奴服飾、統一星巴克、誠品書店、中國信託商業銀行、國泰人壽、長榮航空、屈臣氏、君悅大飯店、摩斯漢堡、小林眼鏡、TVBS電視台、燦坤3C，都是目前消費市場最被人熟知的服務業。

二、服務業的營運管理循環

服務業的營運管理循環架構如下：

1. 人資管理；
2. 行政總務管理；
3. 法務管理；
4. 資訊管理；
5. 稽核管理；
6. 公關管理等支援體系。

上述體系在從事以下九項主要活動：商品開發、採購、品質、行銷企劃、現場銷售、售後服務、財會、會員經營及經營分析等。

三、服務業與製造業的管理差異

相較於製造業，服務業提供的是以服務性產品居多，而且也是以現場服務人員為主軸，這與工廠作業員及研發工程師居多的製造業，顯著不同。兩者差異說明如下：

1. 製造業以製造與生產產品為主軸，服務業則以「販售」及「行銷」這些產品為主軸。
2. 服務業重視「現場服務人員」的工作品質與工作態度。
3. 服務業比較重視對外公關形象的建立與宣傳。
4. 服務業比較重視「行銷企劃」活動的規劃與執行。
5. 服務業的客戶是一般消費大眾，經常有數十萬到數百萬人，與製造業少數幾個OEM大客戶有很大不同。因此，在顧客資訊系統的建置與顧客會員分級對待經營比較重視。

服務業營運管理架構與案例

服務業營運管理循環架構

支援活動 →

- 人資管理
- 行政總務管理
- 法務管理
- 資訊管理
- 稽核管理
- 公關管理

主要活動 →

1. 商品開發管理
2. 採購管理
3. 品質管理
4. 行銷企劃管理
5. 現場銷售管理
6. 售後服務管理
7. 財會管理
8. 會員經營管理
9. 經營分析管理

服務業營運循環案例──麥當勞

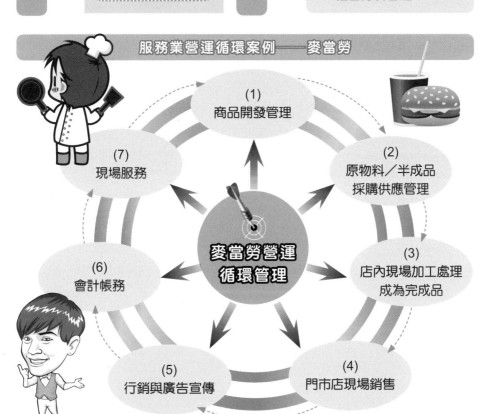

麥當勞營運循環管理

(1) 商品開發管理

(2) 原物料/半成品採購供應管理

(3) 店內現場加工處理成為完成品

(4) 門市店現場銷售

(5) 行銷與廣告宣傳

(6) 會計帳務

(7) 現場服務

一、七大致勝關鍵

（一）**服務業連鎖化經營，才能形成規模經濟效應**：不管直營店或加盟店的連鎖化、規模化經營，將是首要競爭優勢的關鍵。

（二）**提升人的品質經營**：才能使顧客滿意及提升忠誠度。

（三）**不斷創新與改進**：服務業的進入門檻很低，因此，唯有創新，才能領先。

（四）**強化品牌形象的行銷操作**：服務業會投入較多的廣告宣傳與媒體公關活動的操作，以不斷提升及鞏固服務業品牌形象的排名。

（五）**形塑差異化與特色化**：服務業的「差異化」與「特色化」經營，服務業若沒有差異化特色，就找不到顧客層，還會陷入價格競爭。

（六）**提高現場環境氛圍**：服務業也很重視「現場環境」的布置、燈光、色系、動線、裝潢、視覺等，因此有日趨高級化、高規格化的現場環境投資趨勢。

（七）**擴大便利化據點**：服務業也必須提供「便利化」，據點愈多愈好。

二、企業成功的關鍵要素

任何一種產業均有其必然的「關鍵成功因素」(Key Success Factor, KSF)。成分因素很多，面向也很多，但是其中必然有最重要與最關鍵的。

（一）**強大的核心競爭力**：核心競爭力 (Core Competence) 是企業競爭力理論的重要內涵，又可稱為「核心專長」或「核心能力」。公司的核心專長，將可創造出公司的核心產品，並以此核心產品與競爭者相較勁，而取得較高的市占率及獲利績效。

（二）**精準的策略「綜效」**：所謂「綜效」(Synergy)，即指某項資源與某項資源結合時，所創造出來的綜合性效益。例如：金控集團是結合銀行、證券、保險等多元化資源而成立的，而且其彼此間的交叉銷售，也可產生整體銷售成長的效益。又如：某公司與他公司合併後，亦可產生人力成本下降及相關資源利用結合之綜合性改善。再如：統一 7-ELEVEN 將其零售流通多年的經營技術 Know-how，移植到統一康是美及星巴克公司，加快其經營成效，此亦屬一種綜效成果。

（三）**完善的經營團隊**：經營團隊 (Management Team) 是企業經營成功的最本質核心，企業是靠人及組織營運展開的。因此，公司如擁有專業的、團結的、用心的、有經驗的經營團隊，則必可為公司打下一片江山。但是團隊，不是指董事長或總經理，而是指公司中堅幹部（經理、協理）及高階幹部（副總及總經理級）等更廣泛的各層級主管所形成的組合體。而在部門別方面，則是跨部門所組合而成的。

致勝關鍵與成功要素

服務業贏的七項關鍵要素

1. 打造「連鎖化」、「規模化」經營

2. 提升「人的品質」經營

3. 不斷「創新」與「改造」經營

4. 強化「品牌形象」的行銷操作

5. 形塑「差異化」經營與「特色化」經營

6. 提高「現場環境」設計、裝潢高級化

7. 擴大「便利化」的營業據點

企業成功的關鍵要素

企業要如何才會成功？

關鍵成功因素

- 不同行業及不同市場，可能會有不同的關鍵成功因素。
- 企業必須探索為什麼在這些關鍵因素沒做好，而落後競爭對手？
- 若想超越對手，就必須在這些關鍵成功因素，尋求突破、革新及優勢。

核心競爭力

- 企業的核心專長，即可創造出核心產品，並以此核心產品與競爭者相較勁，而取得較高的市占率及獲利績效。

綜效

- 指某項資源與某項資源結合時，所創造出來的綜合性效益。
- 例如：金控集團是結合銀行、證券、保險等多元化資源成立，而其彼此間的交叉銷售，也可產生整體銷售成長的效益。

147

經營團隊

- 這是企業經營成功的最本質核心。
- 企業中堅幹部（經理、協理）及高階幹部（副總及總經理級）等各層級主管體制改革形成的組合體。
- 部門別方面：則是跨部門所組合而成的。

9-7　企業持續性競爭優勢的訣竅

　　企業既然成立，正常來說，沒有不希望永續經營的道理。因此，如何長保企業競爭優勢並持續獲利，這是必需關注的課題。

一、持續性競爭優勢

　　所謂「持續性競爭優勢」是指企業對目前所擁有的各種競爭優勢，能夠在可見的未來持續下去。因為，競爭優勢是瞬息萬變的，不管在技術、規模、人力、速度、銷售、服務、研發、生產、特色、財務、成本、市場、採購等優勢，均會隨著競爭對手及產業環境的變化而改變。因此，必須想盡各種方法與行動，以確保優勢能持續下去，至少領先半年或一年。

二、事業（獲利）模式

　　所謂「事業模式」也可稱為「商業模式」或「獲利模式」，是指企業以何種方式，產生營收來源及獲利來源。

　　事業模式是企業經營當中非常重要的一件事。不管是既有事業或進入新事業領域，都必須要有可行、具成長性、有優勢條件、吸引人，以及能夠賺錢的事業模式。仔細來說，就是做任何一個事業，都必須首先考慮三點：

　　(一) 你的營收模式是什麼？客戶群有哪些？市場規模有多大？想進哪一塊市場？憑什麼能耐進去？營收來源及金額會是多少？這些都做得到嗎？實現了嗎？你的模式可不可行？你的模式是否有競爭力？你的模式如何勝過別人？這些顧客願意給你生意做嗎？如果顧客願意是為了什麼？

　　(二) 你的營業成本及營業費用要花費多少？占營收多少比率？要多少營收額，才會損益平衡？別的競爭者又是如何？

　　(三) 最後，才會看到是否真能獲利？在第幾年可以獲利？獲利多少？

三、產業生命週期

　　產業一如人的生命也會歷經出生、嬰兒、兒童、青少年、壯年、中年、老年等生命階段。而產業或產品大致也會有四種階段：導入期、成長期、成熟（飽和）其及衰退期。當然有部分產業在衰退期時，若能經過技術創新或服務創新，將會有一段「再成長期」出現。例如：手機業過去是黑白手機，但現在則有彩色手機、照相手機，且是可上網的 MMS 多媒體手機。

　　分析「產業生命週期」的意義，除了解其處在產業哪個階段外，最重要的是要研擬階段的因應策略，以具體行動面對產業週期。當然，產業趨勢也有不可違逆時，此時不應勉強逆勢而上。

產業週期與獲利模式

持續性競爭優勢

這是指企業對目前所擁有的各種競爭優勢，能夠在可見的未來持續下去。

 優勢包括技術、規模、人力、速度、銷售、服務、研發、生產、特色、財務、成本、市場、採購等。

 至少領先半年，一年也可以。

👉 事業（獲利）模式

這是指企業以何種方式產生營收來源及獲利來源

1. 你的營收模式是什麼？

・客戶群有哪些？　　　　　・市場規模有多大？想進哪一塊市場？
・憑什麼能耐進去？　　　　・營收來源及金額會是多少？
・你的模式是否有競爭力？　・這些顧客願意給你生意做嗎？
・如果顧客願意是為了什麼？

2. 你的營業成本及營業費用要多少？

・占營收多少比率？　　　　・要多少營收額，才會損益平衡？
・別的競爭者又是如何？

3. 最後，才會看到是否真能獲利？

・在第幾年可以獲利？　　　　・獲利多少？

產業生命週期

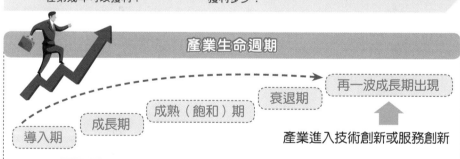

再一波成長期出現

衰退期

成熟（飽和）期

成長期

導入期

產業進入技術創新或服務創新

案例 1

手機業過去是黑白手機，但現在則有彩色手機、照相手機，且是可上網的MMS多媒體手機。

案例 2

過去是傳統影像管的電視機(CRT-TV)，現在則有前景極看好的液晶畫面電視機(LCD-TV)，這些都是再創新成長的展現。

149

以下四項特色，區分傑出與平庸服務組織差別。

一、做好顧客的每一個關鍵時刻

一如先前所說，關鍵時刻 (Moment of Truth) 是顧客在和公司組織接觸的任何瞬間，每一個都有可能形成服務品質印象。而能否贏得顧客的認同，則繫於每一次的關鍵時刻。

二、具有精心設計的服務策略

服務策略是傑出服務組織對於他們的工作，所開發、創造和設計的整體理念，是一家公司和競爭對手之區別所在。這樣的服務概念或服務策略，指引公司組織內部人員，將注意力放在顧客真正重視的事物上。當引導的概念傳達給組織內部每一個人時，就能為各人指引出行事的明路，像是一聲號角或是福音，也是傳達給顧客的核心訊息。

三、建立體貼顧客的系統與 SOP

提供服務的系統，是一種根據服務策略及預計提供之服務內容，而分配組織資源的方法。成功的服務提供系統會變成習慣性的，進而隱而不見。支援服務人員的傳遞系統，都是為了顧客的便利而設計，而非為了公司組織的方便。實體的設備、政策、程序、方法和溝通流程，都在對顧客宣示：「這套機制是為了符合您的需求。」

四、堅定執行顧客導向的第一線人員

沒有良好訓練、良好管理、充滿活力的人員，就不可能提供理想的服務，前線人員必須獲得授權，能透過知識、政策和文化，為顧客工作。提供傑出服務的公司組織，其經理人要協助這些提供服務的人，把注意力保持在顧客需求之上。有效的前線人員能保持「超然」的關注焦點，專心在顧客目前的情況，了解狀況和需求。這會形成一種負責、專注和幫忙的意願，讓顧客心中留下服務很優秀的印象，讓他願意「呷好道相報」，而且再次上門。

服務業平均獲利率及平均員工產值

服務業平均獲利率很低，屬微利事業。

	2013年	2012年	2011年
平均獲利率	2.7%	3.1%	4.3%
平均每位員工產值	1,160萬元	1,240萬元	1,400萬元

資料來源：國內600大服務業概況及20種業別營收、獲利及排名概況（天下雜誌）

傑出服務業公司組織必備優勢特色

傑出服務業公司四項特色

(1) 做好為顧客服務的每一個關鍵時刻 (MOT)！

傑出服務業公司四項特色

(4) 堅定執行顧客導向的第一線人員！

(2) 策劃並設計好服務策略！

(3) 建立體貼顧客的作業系統與 SOP 標準作業流程！

贏得顧客心！

服務業經營勝出！

打造出服務競爭優勢！

服務業必勝的四大關鍵

④ 做好：每一個接待顧客的關鍵時刻！

① 制定：贏的服務策略！

＋

② 建立：完美與可行的服務 SOP！

＋

③ 擁有：一群具有實踐顧客導向的第一線從業人員！

服務業必勝！

一、內部三條線的互動關係

　　服務業訂定營運策略後,要如何展開服務管理?服務企業的領導人該怎麼做,才是直接或間接的提高顧客在眾多關鍵時刻經驗的品質?傑出的服務工作在管理上,是否有什麼特定的思考架構?一如服務循環模式可以釐清顧客的觀點,公司導向的模式也有助於經理人思考該如何著手去做。

　　公司和顧客緊密的結合在一個三角關係裡,如右圖所示。這個服務金三角代表了服務策略、系統和人員三項要素,圍繞著顧客打轉,形成創造性的交互作用。這個金三角模式,和用來描述商業運作的標準組織圖完全不同。

　　服務金三角能協助了解 (1) 策略;(2) 組織人員;以及 (3) 讓他們完成工作的系統,三者間的互動。圖裡的每一條直線,都代表著一個重要的影響角度。舉例來說,連接顧客和服務策略間的直線,代表著建立以顧客核心需求和動力為中心之服務策略的高度重要性。從服務策略連到顧客的直線,則代表著將策略傳達到市場的過程。連結顧客和組織人員的直線是極重要的接觸點,也是對關鍵時刻影響最大的交互作用。

　　這些互動關係著成敗,以及創意努力的最大機會。再看看在服務金三角中,連接顧客和協助提供服務系統間的直線。這些系統可能包括抽象的程序系統,以及實際的部分。商業世界裡許多負面關鍵時刻的發生,都是因為系統異常、功能不彰。

二、外部三條線互動關係

　　至於服務金三角外部的三條直線也各有所指。看看人員和系統間的交互作用,或許你也曾看過,受到高度激勵的人員真心想要提供服務,卻因為無理的行政程序、不合邏輯的任務指派、具壓迫性的工作規定或者不良的實體設備,而無法完成?在這樣的情形下,淪為平庸是無可避免的。前線人員通常比他們的經理更容易發現如何改善每天使用的系統。問題在於,他們的經理是否了解這個事實,是否願意邀請員工貢獻所知?

　　連接服務策略和系統的直線指的是,行政和實際系統的設計與部署,都應該合理依循服務策略的定義。雖然這一點再明顯也不過,然而只要想想多數大型公司組織必然會有的改革助力,這似乎又是一個烏托邦式的夢想。最後,在服務策略和人員之間還有一條直線。這條線指的是,提供服務的人必需受惠於管理階層清楚定義的信念。如果沒有焦點、不夠清楚、不分輕重,他們很難把注意力維持在服務品質上,關鍵時刻就會趨於惡化,並淪為平庸。

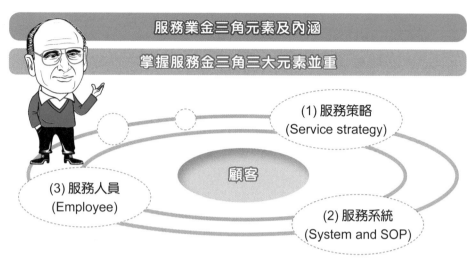

9-10 服務套裝與服務藍圖

一、服務套裝（Service Value Package，也稱顧客價值套裝）的意涵：

（一）服務管理最有用的概念之一，就是服務套裝的概念。這個名詞源自北歐，在當地普遍的用來討論服務系統和評鑑服務水準。服務套裝也稱之為顧客價值套裝，在本書裡，我們用這兩個名詞來指同一件事。服務管理專家對這個名詞的定義各異，但多數都同意以下說明：「服務套裝（或顧客價值套裝）是提供給顧客的產品、服務和經驗之總合。」

（二）從以下關聯性來探討服務策略、服務套裝和服務系統，可能比較有幫助。

（三）服務套裝的概念，提供一個系統化思考傳送系統的架構。服務套裝是依循著服務策略的邏輯進行，其中包含所提供的基本價值。服務系統從設計到評量，都是依循這一套服務或顧客價值套裝的定義。當服務套裝需要再造時，回頭檢視最初的原則，在原有的服務策略下思考整個設計，這樣做會很有幫助。

（四）因為每家企業都有自己獨一無二的顧客價值套裝（也就是企業提供給顧客整套具體或抽象的商品），所以是有可能找出顧客價值的某一類型，做為設計、建立、分析和修正服務傳送系統的共同架構與共同語言。

二、主要與次要的服務價值套裝

（一）**主要價值套裝 (Primary Value Package)**：主要價值套裝就是企業服務商品的核心，是企業在這一行的基本理由。沒有主要價值套裝，企業就沒有存在意義。主要價值套裝必需反映出主宰服務策略的邏輯，還要提供一套自然、相容的產品、服務與經驗，全部融入顧客的心中，形成高價值的印象。

（二）**次要價值套裝 (Secondary Value Package)**：次要價值套裝必需支援、增加主要價值套裝的價值，不該是未經考慮、隨便硬湊的「額外」大雜燴。這些次要服務的特色應該是要提供「槓桿作用」，也就是協助建立顧客眼中整體套裝價值。

（三）**價值套裝案例**：在以照護為主的醫院裡，對病人的主要服務包括醫療、照護、藥劑、資訊和住宿等。次要服務，或者說周邊服務則包括一些舒適和便利的因素，例如電話、方便探病的規定、禮品店、藥局等。飯店的核心價值套裝，則包括了乾淨、設備齊全的房間。次要價值套裝則包含叫醒服務、早上自動送上咖啡和報紙、洗衣或擦鞋服務、機場接駁等額外的服務。

（四）**二者都重要**：主、次要服務要素的區別是必要的，當兩、三家公司爭取同批顧客，且基本服務都差不多，取得競爭優勢的唯一方法，就是提供具區隔效果的附加價值。一旦核心服務完成後（滿足主要需求），周邊的服務套裝通常就成為顧客決策的重要因素。在許多情況下，競爭者間唯一的區別，就在周邊服務。

價值套裝的影響要素與案例

醫院的主要及次要價值套裝

① 服務策略　定義事業　→　② 服務套裝　定義商品　→　③ 服務系統　傳送服務

醫院案例

主要價值套裝
醫療、照護、藥劑、住院、資訊服務表現水準

次要價值套裝
便利商店、藥妝店、鮮花店、探病規定、電話、電腦、往生服務、網際網路、查詢等周邊提供服務之便利性

影響顧客價值套裝的七個要素

(4) 程序的

(2) 感官的

(6) 資訊的

(1) 環境的

(5) 可提供的

(3) 人際的

(7) 財務的

一、服務藍圖的意義

在實務上，如果能有幾種基本的系統工具和圖示方法，在設計服務流程、評估運作的效能時，是很有幫助的。在這裡的討論中，我們提供幾種具代表性的系統工具，都相當好運用，而且管理團隊或服務品質任務小組的成員都容易了解。

最有用的工具之一就是服務藍圖 (Service Map)，這是用來描繪服務流程中各種不同的參與者，如何合作創造預期的價值。

這份簡化版的服務藍圖，是一個流程圖示，描繪出顧客在服務循環中的經驗，每一步驟都伴隨著參與提供服務的各部門相關活動。這張圖顯示出顧客、出力部門在進行不同活動的時間順序，以及他們如何彼此串連。當處理的品質議題涉及到數個部門時，這項工具是最好用的，因為所有部門的人都必須合作才能達成品質結果。服務藍圖的價值，在於讓所有幕後的過程以顧客為中心，也準確顯示出這些過程應如何交織，才能讓服務循環產生預期的成果。

右圖就顯示出飯店客房服務的典型服務藍圖。請注意在「顧客」欄下方的方框，都是顧客經驗的關鍵時刻，這些方框將組成完整的服務循環。

二、服務藍圖的優點

圖解服務傳送系統的流程，還有下列優點：

1. 當你非常清楚，在操作和管理服務系統時需要什麼樣的人、需要多少人時，有關員工招募、配置和培養的決策，將變得更為清楚。

2. 針對自動化要用在哪些地方才能省錢、人性化的人員接觸在哪些地方是必要的。這些考量可以利用藍圖作為討論焦點，從而找出答案。

3. 藉由圖解和比對藍圖，可以針對競爭服務進行研究與分析。

4. 服務藍圖作為生產力提升的討論焦點，將可讓員工更願意參與。在將複雜的服務策略分權化，以及設計一套方法，避免新服務推出必然會有的設計性問題時，員工參與都是非常重要的議題

三、服務藍圖應植基於「顧客觀點」

了解顧客需求和希望、決定服務套裝的本質、審查現在策略等的能力，都可以含括在簡單的一句話裡：「永續學習」。最好的服務策略，就是能不斷被質疑、挑戰、修正和改善的策略。

創造能滿足顧客需求的服務、設計出協助而非堅持的系統和程序、策劃能讓員工支持而非對抗顧客利益的顧客接觸工作，這些才是服務系統中真正的管理挑戰。

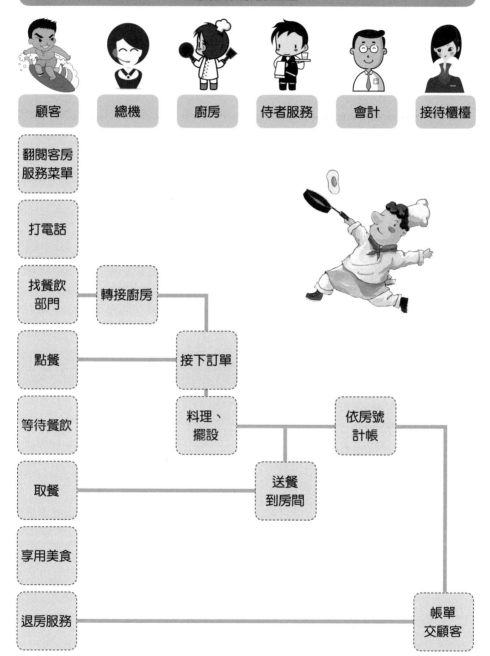

飯店業服務藍圖

| 顧客 | 總機 | 廚房 | 侍者服務 | 會計 | 接待櫃檯 |

翻閱客房服務菜單

打電話

找餐飲部門 — 轉接廚房

點餐 — 接下訂單

料理、擺設

依房號計帳

等待餐飲

取餐 — 送餐到房間

享用美食

退房服務 — 帳單交顧客

157

Date _____/_____/_____

第 10 章
服務業經營策略與經營計畫書撰寫

10-1 三種層級策略與形成

　　若從公司（或集團）的組織架構推演來看策略的研訂，以及從策略層級角度來看，策略可區分為三種類型，而形成策略管理的過程，則可區分為五個過程，以下說明之。

一、策略的三種層級

　　從公司組織架構可以發展出以下三種策略層級：

　　（一）**總公司或集團事業版圖策略**：例如富邦金控集團策略、統一超商流通次集團策略、宏碁資訊集團策略、東森媒體集團策略、鴻海電子集團策略、台塑石化集團策略、遠東集團策略、國泰金控集團策略、王品集團策略……等。

　　（二）**事業總部營運策略**：例如筆記型電腦事業部、伺服器事業部、印表機事業部、桌上型電腦事業部及顯示器事業部之營運策略，包括成本優勢、產品差異化、利基優勢的策略，以及策略聯盟合資與異業合作者。（註：SBU 係為 Strategic Business Unit 戰略事業單位，國內稱為事業總部或事業群。此係指將某產品群的研發、採購、生產及行銷等，均交由事業總部最高主管負責。）

　　（三）**執行功能策略**：從各部門實際執行面來看，大致有業務行銷、財務、製造生產、研發、人力資源、法務、採購、工程、品管、全球運籌等功能策略。

二、策略的形成與管理

　　上述公司組織層面的三種策略層級為基礎，再來就是策略的形成與管理，可區分為五個過程，包括：

　　（一）**對企業外部環境展開偵測、調查、分析、評估、推演與最後判斷**：這個階段非常重要，一旦無法掌握環境快速變化的本質、方向，以及對本身的影響力道，而做出錯誤判斷或是太晚下決定，那麼企業就會面臨困境，而使績效倒退。

　　（二）**策略形成**：策略不是一朝一夕就形成，它是不斷的發展、討論、分析及判斷形成的，甚至還要一些測試與嘗試，然後再正式形成。當然策略一旦形成，也不是說不可改變。事實上，策略也經常在改變，因為原先的策略如果效果不顯著或不太對，馬上就要調整策略了。

　　（三）**策略執行**：執行力是重要的，若有一個好的策略，但執行不力、不貫徹或執行偏差，都會使策略大打折扣。

　　（四）**評估、控制**：執行之後，必須觀察策略的效益如何，而且要即時調整改善，做好控制。

　　（五）**回饋與調整**：如果原先策略無法達成目標，表示策略有問題，必須調整及改變，以新的策略及方案執行，一直要到有好的效果出現才行。

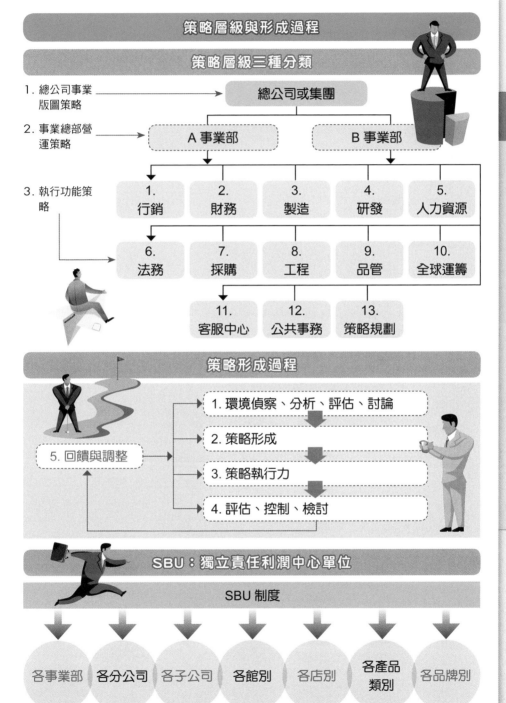

策略層級與形成過程

策略層級三種分類

1. 總公司事業版圖策略 → 總公司或集團

2. 事業總部營運策略 → A 事業部　　B 事業部

3. 執行功能策略

| 1. 行銷 | 2. 財務 | 3. 製造 | 4. 研發 | 5. 人力資源 |

| 6. 法務 | 7. 採購 | 8. 工程 | 9. 品管 | 10. 全球運籌 |

| 11. 客服中心 | 12. 公共事務 | 13. 策略規劃 |

策略形成過程

5. 回饋與調整

1. 環境偵察、分析、評估、討論

2. 策略形成

3. 策略執行力

4. 評估、控制、檢討

SBU：獨立責任利潤中心單位

SBU 制度

各事業部　各分公司　各子公司　各館別　各店別　各產品類別　各品牌別

事實上，早在 1980 年時，策略管理大師麥可·波特教授就提出「企業價值鏈」(Corporate Value Chain) 的說法。他認為企業價值鏈是由企業主要活動及支援活動所建構而成。波特教授認為，公司如果能同時做好這些日常營運活動，就可創造良好績效。

一、Fit 概念的重要性

此外，波特教授也非常重視 Fit（良好搭配）的概念，他認為這些活動彼此之間必需有良好與周全的協調及搭配，才能產生價值出來；否則各自為政及本位主義的結果，可能使活動價值下降或抵銷。因此，他認為凡是營運活動 Fit 良好的企業，大致均有較佳的營運效能 (Operational Effectiveness)，也因而產生相對的競爭優勢。所以，波特教授一再重視企業在價值鏈運作活動中，必需各種活動之間有良好的 Fit，然後產生營運效益。

二、產業價值鏈的垂直系統

另外，波特教授認為每個產業的價值體系，包括四種系統在內，在上游供應商到下游通路商及顧客等，均有其自身的價值鏈。這些系統中，每一個都在尋求生存利害以及價值的極大化所在，而這些又必需視每一種產業結構而有其不同的上、中、下游價值所在。

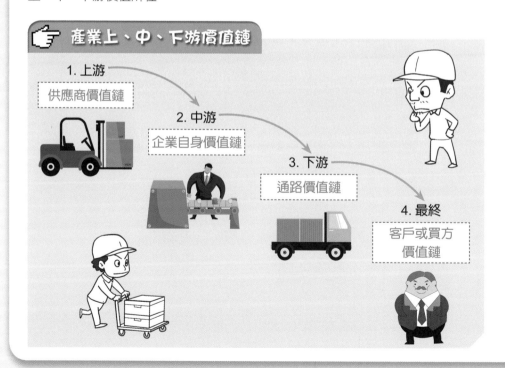

產業上、中、下游價值鏈

1. 上游　供應商價值鏈
2. 中游　企業自身價值鏈
3. 下游　通路價值鏈
4. 最終　客戶或買方價值鏈

波特的企業價值鏈

企業 價值鏈	=	企業 主要活動	+	企業各單位 支援活動

波特的企業價值鏈

2.支援活動

(1) 公司基礎架構 (Infrastructure)：制度、規章、資訊化

(2) 人力資源 (Human Resource)

(3) 採購 (Procurement)

(4) 科技研究發展 (R&D)

(5) 資金財務 (Finance)

(1) 製造、生產、品管	(2) 配送、物流 (Logistic)	(3) 銷售、行銷 (Sales)	(4) 售後服務 (After Service)

產生利潤 Profit

1.主要活動

163

各種活動、 營運活動的良好搭配	⇨	企業才能產生 營運效益

10-3 產業獲利五力分析

哈佛大學著名的管理策略學者麥可・波特 (Michael Porter) 曾在其著名的《競爭性優勢》(Competitive Advantage) 一書中，提出影響產業（或企業）發展與利潤之五種競爭動力。

一、產業獲利五力的形成

波特教授在研究過幾個國家不同產業之後，發現為什麼有些產業可以賺錢獲利，有些企業則不易賺錢獲利。後來，波特教授總結出五種原因，或稱為五種力量，這五種力量會影響這個產業或這個公司是否能夠獲利以及獲利程度的大小。

(一) 現有廠商之間的競爭壓力不大，廠商也不算太多。

(二) 未來潛在進入者的競爭可能性也不大，就算有，也不是很強的競爭對手。

(三) 未來也不太有替代的創新產品可以取代我們。

(四) 我們跟上游零組件供應商的談判力量還算不錯，上游廠商也配合很好。

(五) 在下游顧客方面，產品在各方面也會令顧客滿意，短期內彼此談判條件也不會大幅改變。

如果在上述五種力量狀況下，公司在此產業內就較容易獲利，而此產業也算是比較可以賺錢的行業。當然，有些傳統產業雖然這五種力量都不是很好，但如果他們公司的品牌或營收、市占率是屬於該行業內的第一品牌或第二品牌，仍然是有賺錢獲利的機會。

二、獲利五力的說明與分析

(一) **新進入者的威脅**：當產業的進入障礙很少時，將在短期內會有很多業者競相進入，爭食市場大餅，此將導致供過於求與價格競爭。因此，新進入者的威脅，端視其「進入障礙」程度為何而定。而廠商進入障礙可能有七種：1. 規模經濟；2. 產品差異化；3. 資金需求；4. 轉換成本；5. 配銷通路；6. 政府政策，以及 7. 其他成本不利因素。

(二) **現有廠商間的競爭狀況**：即指同業爭食市場大餅，所採用手段有：1. 價格競爭：降價；2. 非價格競爭：廣告戰、促銷戰，以及 3. 造謠、夾攻、中傷。

(三) **替代品的壓力**：替代品的產生，將使原有產品快速老化其市場生命。

(四) **客戶的議價力量**：如果客戶對廠商之成本來源、價格有所了解，而且具有採購上優勢時，則將形成對供應廠商之議價壓力，亦即要求降價。

(五) **供應廠商的議價力量**：供應廠商由於來源的多寡、替代品的競爭力、向下游整合力量的強弱，形成對某一種產業廠商的議價力量。另外，一個行銷學者基根 (Geegan) 則認為，政府與總體環境的力量也應該考慮進去。

獲利五力的形成與架構

產業五力的形成

如果某一個產業，經過分析後發現：

1. 現有廠商之間的競爭壓力不大，廠商也不算太多。

2. 未來潛在進入者的競爭可能性也不大，就算有，也不是很強的競爭對手。

3. 未來也不太有替代的創新產品可以取代我們。

4. 我們跟上游零組件供應商的談判力量還算不錯，上游廠商也配合得很好。

5. 在下游顧客方面，產品在各方面也會令顧客滿意，短期內彼此談判條件也不會大幅改變。

如果在上述五種力量狀況下，公司在此產業內，就較容易獲利，而此產業也算是比較可以賺錢的行業。

產業獲利五力架構圖

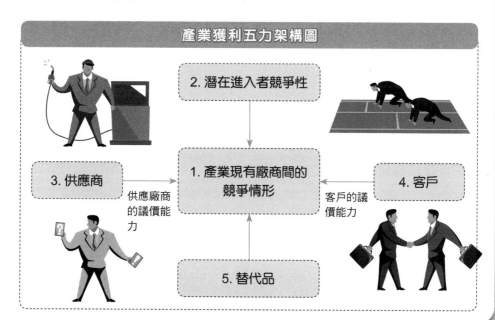

2. 潛在進入者競爭性

3. 供應商　→　供應廠商的議價能力　→　1. 產業現有廠商間的競爭情形　←　客戶的議價能力　←　4. 客戶

5. 替代品

基本競爭策略

根據前述五種競爭力，麥可・波特又提出企業可採行的三種基本競爭策略。

一、全面成本優勢策略 (Total cost advantage strategy)

全面成本優勢策略是指根據業界累積的最大經驗值，控制成本低於競爭對手的策略。要獲致成本優勢，具體做法通常是靠規模化經營實現。至於規模化的表現形式，則是「人有我強」。在次所指的「強」，首要追求的不是品質高，而是價格低。所以，在市場競爭激烈中，處於低成本地位的企業，將可獲得高於所處產業平均水準的收益。

換句話說，企業實施成本優勢策略時，不是要開發性能領先的高端產品，而是要開發簡易廉價的大眾產品。不過，波特也提醒，成本優勢策略不能僅著重於擴大規模，必須連同降低單位產品的成本，才具備經濟學上分析的意義。

二、差異化策略 (Differential strategy)

差異化策略是指利用價格以外因素，讓顧客感覺有所不同。走差異化路線的企業，將做出差異所需的成本（改變設計、追加功能所需的費用）轉嫁到定價上，所以售價變貴，但多數顧客都願意為該項「差異」支付比競爭對手企業高的代價。

差異化的表現形式是「人無我有」；簡單說，就是與眾不同。凡是走差異化策略的企業，都是把成本和價格放在第二考慮，首要考量則是能否設法做到標新立異。這種「標新立異」可能是獨特的設計和品牌形象，也可能是技術上的獨家創新，或是客戶高度依賴的售後服務，甚至包括獨樹一格的產品外觀。

以產品特色獲得超強收益，實現消費者滿意的最大化，將可形塑消費者對企業品牌產生忠誠度。這種忠誠一旦形成，消費者對價格敏感度就會下降；同時也會對競爭對手造成排他性，提高進入壁壘。

三、集中專注利基經營 (Focus strategy)

集中專注利基經營是指將資源集中在特定買家、市場或產品種類；一般說法，就是「市場定位」。如果把競爭策略放在特定顧客群、某個產品鏈的一個特定區段或某個地區市場上，專門滿足特定對象或特定細分市場的需求，就是集中專注利基經營。

集中專注利基經營與上述兩種基本策略不同，它的表現形式是顧客導向，為特定客戶提供更有效和更滿意的服務。所以，實施集中專注利基經營的企業，或許在整個市場上並不占優勢，但卻能在某一較為狹窄的範圍內獨占鰲頭。

這類型公司採取的做法，可能是在為特定客戶服務時，實現低成本成效或滿足顧客差異化需求；也有可能在此特定客戶範圍內，同時做到低成本和差異化。

企業競爭策略與內涵

企業三大基本競爭策略

(1)
低成本
領先競爭策略

(2)
差異化
競爭策略

(3)
專注集中
競爭策略

基本競爭策略

集中專注利基經營策略

（競爭範圍）

	廣泛	狹窄
較低成本	1.全面成本優勢	3.低成本集中經營
差異性	2.差異化	4.差異化集中經營

企業降低成本與成本優勢領先七大構面

1. 降低人工成本

2. 降低零組件、原物料成本

3. 降低管銷費用

4. 生產線自動化程度提升、精簡用人數量

5. 流程，以提升效率不斷改善及精簡製造或服務

6. 快作業效率強化人員訓練與學習力，加

7. 準確預估銷售量，以降低庫存壓力，並精簡產品線，簡化產品項目及降低庫存成本

企業的成長策略可區分為三類型：

一、密集成長策略

指在目前事業體尋求機會以期進一步成長，在核心事業裡尋求擴張成長。

廠商應該對目前的事業體加以檢視，以了解是否還有機會擴張市場。學者安索夫 (Ansoff) 曾提出用以檢視密集成長的機會架構，稱之為「產品與市場擴張矩陣」(Product/Market Expansion Grid)，茲說明如下：

（一）**市場滲透策略**：1. 說服現有市場未使用此產品的消費者購買；2. 運用行銷策略，吸引競爭者的客戶轉到本公司購買，以及 3. 使消費者增加使用量。

（二）**市場開發策略**：將現有產品推展到新區隔或地區。例如：現金卡市場開發。

（三）**產品開發策略**：公司開發新的產品，賣給現有的客戶。例如：統一超商新國民便當、智慧型手機、光世代寬頻上網、液晶電視、平板電腦等。

二、整合成長策略

指在目前事業體內外，尋求與水平或垂直事業相關行業，以求得更進一步擴張。整合成長之型態有三種，茲說明如下：

（一）**向後整合成長**：或稱向上游整合成長。

（二）**向前整合成長**：也稱向下游整合成長。例如：統一企業投資統一超商下游通路。

（三）**水平整合成長**：例如宏碁集團，包括宏碁科技公司、明基電通公司及緯創公司等水平式資訊電腦公司；國內金控集團，包括銀行、壽險、證券、投顧等。

三、多角化成長策略

指在目前事業體外，發展無關之事業，以求得業務擴張。企業多角化成長的策略，通常採取以下三種方式進行：

（一）**垂直整合**：此即一個公司自行生產其投入或自行處理其產出。除向前、向後整合之外，亦可以視需要做完全整合或錐形整合。

（二）**相關多角化**：係指多角化所進入的新事業活動和現在的事業活動之間可以連結在一起，或者視活動之間有數個共通的活動價值鏈要素，而通常這些連結乃基於製造、行銷或技術的共通性。

（三）**不相關多角化**：此即公司進入一個新的事業領域，但此事業領域與公司現存的經營領域沒有明顯的關聯。

三大成長策略與解析

企業三種成長策略類型

一、密集成長	二、整合成長	三、多角化成長
1. 市場滲透	1. 向後整合	1. 集中多角化
2. 市場開發	2. 向前整合	2. 相關多角化
3. 產品開發	3. 水平整合	3. 不相關多角化

從產品／市場成長策略

現有

1. 市場滲透

3. 產品開發

（市場）

新的

2. 市場開發

4. 多角化

一、去年度經營績效回顧與總檢討

本部分內容包括：1. 損益表經營績效總檢討（含營收、成本、毛利、費用及損益等實績與預算相比較，以及與去年同期相比較）；2. 各組業務執行績效總檢討，以及 3. 組織與人力績效總檢討。

二、今年度經營大環境深度分析與趨勢預測

本部分內容包括：1. 產業與市場環境分析及趨勢預測；2. 競爭者環境分析及趨勢預測；3. 外部綜合環境因素分析及趨勢預測，以及 4. 消費者／客戶環境因素分析及趨勢預測。

三、今年度本事業部／本公司「經營績效目標」訂定

本部分內容包括：1. 損益表預估（各月別）及工作底稿說明，以及 2. 其他經營績效目標可能包括：加盟店數、直營店數、會員人數、客單價、來客數、市占率、品牌知名度、顧客滿意度、收視率目標、新商品數等，各項數據目標及非數據目標。

四、今年度本事業部／本公司「經營方針」訂定

本部分內容包括：降低成本、組織改造、提高收視率、提升市占率、提升品牌知名度、追求獲利經營、策略聯盟、布局全球、拓展周邊新事業、建立通路、開發新收入來源、併購成長、深耕核心事業、建置顧客資料庫、擴大電話行銷平臺、強化集團資源整合運用、擴大營收、虛實通路並進、高品質經營政策、加速展店、全速推動中堅幹部培訓、提升組織戰力、公益經營、落實顧客導向、邁向新年度新願景等各項不同的經營方針。

五、今年度本事業部／本公司「贏的策略」訂定

本部分內容包括：差異化策略、低成本策略、利基市場策略、行銷 4P 策略（即產品策略、通路策略、推廣策略及定價策略）、併購策略、策略聯盟策略、平臺化策略、垂直整合策略、水平整合策略、新市場拓展策略、國際化策略、品牌策略、集團資源整合策略、事業分割策略、掛牌上市策略、組織與人力革新策略，以及各種業務創新策略等。

六、今年度本事業部／本公司「具體營運計畫」訂定

本部分內容包括：業務銷售計畫、商品開發計畫、委外生產／採購計畫、行銷企劃、電話行銷計畫、物流計畫、資訊化計畫、售後服務計畫、會員經營計畫、組織與人力計畫、培訓計畫、品管計畫、節目計畫、海外事業計畫、管理制度計畫，以及其他各項未列出的必要項目計畫。

七、提請集團各關係企業與總管理處支援協助事項

年度經營計畫書思維與架構

年度經營計畫書撰寫參考架構

一、去年度經營績效回顧與總檢討
1. 損益表經營績效總檢討（含營收、成本、毛利、費用及損益等實績與預算相比較，以及與去年同期相比較）。
2. 各組業務執行績效總檢討。
3. 組織與人力績效總檢討。

二、今年度經營大環境深度分析與趨勢預測
1. 產業與市場環境分析及趨勢預測。
2. 競爭者環境分析與趨勢預測。
3. 外部綜合環境因素分析及趨勢預測。
4. 消費者／客戶環境因素分析及趨勢預測。

三、今年度本事業部／本公司「經營績效目標」訂定
1. 損益表預估（各月別）及工作底稿說明。
2. 其他經營績效目標可能包括：加盟店數、直營店數、會員人數、客單價、來客數、市占率、品牌知名度、顧客滿意度、收視率目標、新商品數等，各項數據目標及非數據目標。

四、今年度本事業部／本公司「經營方針」訂定

五、今年度本事業部／本公司「贏的競爭策略與成長策略」訂定

六、今年度本事業部／本公司「具體營運計畫」訂定

七、提請集團各關係企業與總管理處支援協助事項

八、結語與恭請裁示

年度經營計畫書撰寫思維架構圖

1. 檢討截至目前的業績狀況如何

- 檢討的期間
- 檢討的數據分析
- 檢討單位別分析

2. 檢討業績達成或未達成的原因
- 國內環境原因分析
- 競爭對手原因分析
- 國際環境原因分析
- 國內消費者／客戶原因分析
- 本公司內部自身環境原因分析

4. 研訂問題解決及業績造成的各種因應對策及具體方案
- 應站在戰略性制高點來看待
- 應思考贏的競爭策略及布局
- 應思考這個產業及市場競爭中的KSF（關鍵成功因素）是什麼
- 訂出具體計畫，並要思考6W/3H/1E的十項原則
- 是否需要外部專業機構的協助

3. 選出業績未來達成最關鍵及最迫切應解決的問題所在

- 從短／長期面看
- 從各種產／銷／人／發／財／資等面看
- 從損益表結構面看
- 從產業／市場結構面看
- 從人與組織能力本質面看

5. 要考慮及評估「執行力」或「組織能力」的最終關鍵點
- 要建立高素質及強大執行力的企業文化與組織團隊能力
- 要區分執行前、執行中及執行後三階段管理

Date _____ / _____ / _____

第 **11** 章
服務業經營績效分析與績效管理

11-1 損益表概念與分析

　　首先要對公司每週及每月都須即時檢討的損益表 (Income Statement)，有一個基本的認識及應用。

損益簡表項目

　　基本上，損益表的要項就是營業收入（銷售量 Q× 銷售價格 P）扣除營業成本（製造業稱為製造成本，服務業稱為進貨成本）後的營業毛利（毛利率 = 毛利額 ÷ 營業收入），再扣除營業管銷費用後的營業損益。賺錢時，稱為營業淨利；虧損時，稱為營業淨損。然後再加減營業外收入與支出（指利息、匯兌、轉投資、資產處分等）後，就稱為稅前損益。賺錢時，稱為稅前獲利；虧損時，稱為稅前淨損。然後再扣除稅負後，即為稅後損益。稅後損益除以在外流通股數，即為每股盈餘 (EPS)。

全公司損益表（每月）		
營業收入 －營業成本	$00000 (0000)	 （成本率）
營業毛利 －營業費用	$0000 (0000)	（毛利率） （費用率）
營業淨利 ±營業外收支	$0000 (0000)	
稅前損益	$0000	（稅前淨利率）

營業收入：銷售量 × 銷售價格	
EX： 王品牛排： 年營收 3.6 億元	1,000 人（每天） ×1,000 元（每客）
	100 萬元（每天） ×30 天
	3,000 萬元（每月） ×12 月
	3.6 億元（每年）
茶裏王飲料： 年營收 10 億元	全年賣 500 萬瓶 ×售價 20 元
	10 億元（每年）
SONY手機： 年營收100億元	全年賣 200 萬支 ×平均售價 5,000 元
	100 億元（每年）

全公司損益表（每月）
1. 即製造成本：原料、物料、零組件、成本 　　＋製造人工成本 　　＋製造費用（包裝、電力）
製造成本 EX：一瓶茶裏王飲料成本包括：茶葉、水、糖、包裝瓶、工廠勞工薪水、機械折舊費、水電費、運輸成本等。
2. 或進貨成本（服務業）

損益表分析

損益表舉例（某年度某月分）

狀況 1（獲利）	狀況 2（損益平衡）	狀況 3（虧損）
1. 營業收入：2 億 2. 營業成本：（1.4 億） 3. 營業毛利：6,000 萬 4. 營業費用：（4,000 萬） 5. 營業淨利：2,000 萬 6. 營業外收支：100 萬 7. 稅前損益 2,100 萬 	1. 營業收入：1.8 億 2. 營業成本：（1.4 億） 3. 營業毛利：4,000 萬 4. 營業費用：（41,000 萬） 5. 營業淨利：（100 萬） 6. 營業外收支：100 萬 7. 稅前損益 0 萬	1. 營業收入：1.6 億 2. 營業成本：（1.4 億） 3. 營業毛利：2,000 萬 4. 營業費用：（4,000 萬） 5. 營業淨利：（2,000 萬） 6. 營業外收支：100 萬 7. 稅前虧損（1,900）萬 
・毛利率為： 6,000 萬÷2 億=30% ・稅前獲利率： 2,000 萬÷2 億=10% ・營業外收入 100 萬元指銀行利息收入	・毛利率為： 4,000 萬÷1.8 億=22% ・稅前獲利率： 0 萬÷1.8 億=0%	・毛利率為： 2,000 萬÷1.6 億=12.5% ・稅前獲利率： -1,900 萬÷1.6 億=-11.9%
分析：表示某公司在某月分的營業收入及營業成本均正常，故有營業毛利6,000萬元，平均毛利率為三成，符合一般水平，再扣除營業費用4,000萬元，故稅前淨利2,000萬元，稅前獲利為10%，合理水準。 	分析：表示營業收入有些滑落，故該月分不賺不賠，成為損益平衡狀況。 	分析：表示某公司在某月分營業收入不足，從2億元掉到1.6億元，故毛利額減少4,000萬元，不過已支付其每月營業費用額4,000萬元，故虧損2,000萬元。 

175

11-2 損益分析與應用

一、公司呈現虧損的原因

(一)可能是「營業收入額」不夠，也許是銷售量 (Q) 不夠，或價格 (P) 偏低所致。

(二)可能是「營業成本」偏高，其中包括製造業的人力成本、零組件成本、原料成本或製造費用等偏高所致。如果是服務業，則是指進貨成本、進口成本、或採購成本偏高。

(三)可能是「營業費用」偏高，包括管理費用及銷售費用偏高所致。此即指幕僚人員、房租、銷售獎金、交際費、退休金、健保費、勞保費、加班費等。

(四)可能是「營業外支出」偏高所致，包括貸款利息負擔、匯兌損失、資產處分損失、轉投資損失等。

二、如何掌握損益

基本上來說，公司對某商品的定價，應該是看此產品或公司毛利額，是否有超過該產品或該公司每月管銷費用及利息費用。如果有，才可以算是賺錢的商品或公司。因此廠商應該都有很豐富的經驗，預估一個適當的毛利率 (Gross Margin) 或毛利額。例如：某商品的成本 1,000 元，預估零售價為 1,500 元，如以 33% 毛利率預估，亦即每個商品可以賺 500 元毛利額，如果每個月賣出 1 萬個，表示每月毛利額 500 萬。如果這金額超過公司管銷費用及利息，就代表公司可以獲利。

三、每天面對變化很大

不管從銷售量 (Q) 或價格 (P) 來看，這二個都是動態的與變化的。因為，公司每個月的 Q 與 P 是多少，牽涉諸多因素，包括：1.公司內部因素，如廣宣費用支出、產品品質、品牌、口碑、特色、業務戰力等，以及 2.公司外部因素，如競爭對手的多少、是否供過於求、是否採用銷售戰或價格戰、市場景氣好不好等。

四、損益表各項分析

從損益表中，可以追蹤出很多「問題及解決方案」的做法，必須逐項剖析探索，追出問題及解決答案。例如：1.營業成本為何比競爭對手高？高在哪裡？高多少比例？為什麼？改善做法如何？ 2.營業費用為何比別人高？高在哪些項目？如何降低？ 3.營業收入為何比別人成長慢？問題出在哪裡？是在產品或通路？是廣告或 SP 促銷活動？還是服務或技術力？ 4.為什麼我們公司的股價比同業低很多？如何解決？ 5.為什麼 ROE（股東權益報酬率）不能達到國際水準？ 6.為什麼利息支出水準與比率，比同業還高？

綜上所述，我們得知損益表內每個科目都有其意涵，分別代表並記錄這家企業經營過程中所有交易行為，可說是管理者非懂不可的財務報表之一。

找出營收來源與虧損原因

從損益表看，公司會虧損的原因

虧損5大原因

(1) 營業收入偏低　太低！

(2) 毛利率偏低　太低！

(3) 營業成本偏高　太高！

(4) 營業費用偏高　太高！

(5) 營業外支出偏高　太高！

營業收入來源

營業收入　＝　　Q 每月銷售量　╳　P 平均價格

虧錢時 　Q 偏低或 P 偏低！

賺錢時 　Q 拉高了或 P 上升！

11-3 毛利率概念說明

何謂毛利率 (Gross Rate)？即廠商產品出貨價格扣掉製造成本，就是毛利率或毛利額；或是零售商店面零售價格扣掉進貨成本，也是該產品毛利率或毛利額。

一、毛利率的計算公式

出貨價格（零售價格）－製造成本（進貨價格）＝毛利額
毛利額 ÷ 出貨價格（零售價格）＝毛利率

但依業別不同，其計算成本也有不同，大致歸納以下兩種並說明之：

1. 製造業：某廠商出貨某批商品，其出貨價格每件 1,000 元，而其製造成本 700 元，故可賺毛利額 300 元，及毛利率 30%。2. 服務業：店頭標貼零售價格 1,200 元，而進貨價格 1,000 元，故每件可賺 200 元毛利額及毛利率為 20%。

二、各行各業的毛利率不同

(一) OEM 代工外銷資訊電腦業：低毛利率

大概只有 5~10% 之間，遠低於一般行業的 30%，主要是因為代工製造業 (OEM) 的接單金額累計很高，一年下來，經常達 1,000 億元、2,000 億元之多，因此，即使只有 5% 的毛利率，但如果營業額達到 2,000 億元，也有 100 億元的毛利額；再扣掉全年公司的各種管銷費用，假設一年為 20 億元，那還獲利 80 億元。

(二) 一般行業：平均中等 30~40% 毛利率

一般行業的毛利率，大約在 30~40% 之間，這是一個合理產業的毛利率。例如：傳統製造業的食品、服飾、汽車等；或是服務業的速食餐飲、大飯店等。如果毛利率控制在 30%，再扣掉 15~25% 的管銷費用，稅前獲利率 5~15%，也算合理。

(三) 名牌精品、化妝保養品、保健食品行業：高毛利率

少數產品類別，其毛利率非常高，至少 50% 以上，例如：名牌精品、化妝保養品或保健食品。一瓶保養乳液，假設售價 1,000 元，那麼其成本可能只有 300 元或 400 元，扣除高比例的管銷費用，其合理獲利率大約也只在 15~30%。

三、什麼是營業毛利？

1. 粗估利潤額，並非淨利潤額。2. 必須再扣除營業費用（管銷費用）。3. 毛利額必須足夠 Cover 總公司管銷費用，才能真正賺錢。4. 毛利率也不能過低，否則不能 Cover 管銷費用後，公司即會虧錢。5. 一般合理的毛利率在 30~40%。

四、什麼是稅前淨利？

1. 課徵營利事業所得稅之前的淨利潤。2. 一般在 5~15% 之間。3. 服務業及零售業較低，大約在 2~10% 之間。4. 高科技產品較高，大約在 10~20% 之間。

毛利率的計算與行業水平

毛利額與毛利率公式

營業收入：1,000 萬元
－營業成本： 700 萬元
────────────
營業毛利： 300 萬元

所以
毛利率為：

$$\frac{300\ 萬元}{1,000\ 萬元} = 30\%$$

營業收入：1 億元
－營業成本：6,000 萬元
────────────
營業毛利：4,000 萬元

毛利率為：

$$\frac{4,000\ 萬元}{1\ 億} = 40\%$$

各行業毛利率水平

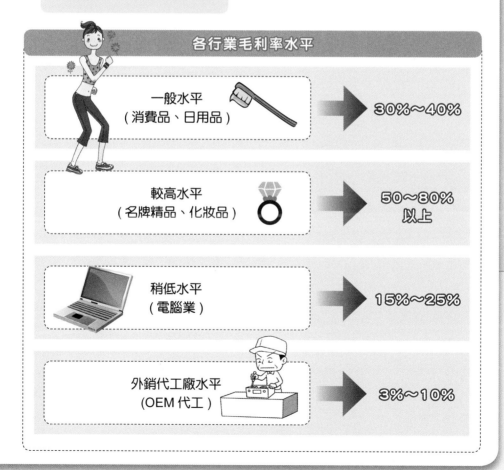

一般水平
（消費品、日用品）

30%～40%

較高水平
（名牌精品、化妝品）

50～80%
以上

稍低水平
（電腦業）

15%～25%

外銷代工廠水平
（OEM 代工）

3%～10%

11-4 獲利與虧損之損益表分析

　　企業要永續經營，當然要不斷持續的獲利。然而要如何判斷是什麼因素導致虧損，或是想提高獲利要從企業內部哪些單位著手？其實損益表上的各種數字，即能透露端倪。

一、提高獲利三要素

　　從損益表三結構項目來看，企業或各事業部門擬達到獲利或提高獲利，務必努力做到下列三點：

　　(一) **營業收入目標要達成及衝高**：主要是提高銷售量，努力把產品銷售出去。

　　(二) **成本要控制及降低**：產品製造成本、產品進貨成本或原物料、零組件成本，必須要定期檢視及採取行動，加以降低或控制不上漲。

　　(三) **費用要控制及降低**：營業費用（即管銷費用）必須定期檢驗及採取行動，加以降低或控制不上漲。包括：

　　1. 各級幹部薪資降低。

　　2. 業務部門獎金降低。

　　3. 辦公室租用房租降低。

　　4. 用人數量（員工總人數）的控制及減少，例如遇缺不補。

　　5. 廣告費用降低。

　　6. 加班費控制。

　　7. 其他雜費的控制及降低。

二、導致虧損四要素

　　有些企業在某些時候，可能也會出現虧損，其主要原因在於：

　　(一) **營業收入偏低**：未達成原訂營收目標，或沒有達到損益平衡點以上的營收額，將會無法有足夠毛利額來產生獲利。故公司業績差時，即有可能產生虧損。例如：淡季、不景氣、競爭太激烈時，均使營收衰退無法達成目標，即會虧損。

　　(二) **營業成本偏高**：當公司製造成本或進貨成本比別家公司高時，即會使公司無法有足夠的毛利率來獲利賺錢。

　　(三) **毛利率偏低**：毛利率是獲利的基本指標，一般的毛利率大概在30~50%，如果低於此一水準，即非業界水平，則會虧損。要轉虧為盈，一定要使毛利率有上升空間。而毛利率上升途徑，不外是從提高售價或降低成本二方向著手規劃。

　　(四) **營業費用偏高**：也可能是公司虧損的原因之一，因此要思考從管銷費用項目著手下降。

降低成本與費用的途徑

影響營業收入的原因

營收	=	銷售量	×	單價（價格）

銷售量不足

價格偏低

如何提高銷售量？

如何提高售價？

虧損四大原因

・營業收入偏低（銷售量不足）
・營業成本偏高（製造成本偏高）
・營業毛利偏低（毛利率偏低）
・營業費用偏高（費用偏高）

如何解決

・提高營收
・降低成本
・提高毛利率
・降低（控制）費用

如何降低營業成本

(1) 降低原物料成本	(2) 降低零組件成本	(3) 降低工廠人力成本

如何降低營業費用

(1) 降低幕僚人力成本

(2) 降低廣告費用

(3) 降低公關交際費

(4) 降低各項獎金費用

(5) 降低大樓辦公室房租費用

(6) 降低高階主管薪資費用

就會計制度而言，為達成財務績效，對組織內部的控制中心可區分為四種型態來評估其績效。

一、利潤中心

利潤中心是一個相當獨立的產銷營運單位，其負責人具有類似總經理的功能。實務上，大公司均已成立「事業總部」或「事業群」的架構，做好利潤中心運作的核心。營收額扣除成本及費用後，即為該事業總部的利潤。

二、成本中心

成本中心是事先設定數量、單價及總成本的標準，執行後比較實際成本與標準成本之差異，並分析其數量差異與價格差異，以明責任。實務上，成本中心應該會包括在利潤中心制度內。成本中心常用在製造業及工廠型態的產業。

三、投資中心

投資中心是以利潤額除以投資額去計算投資報酬率，來衡量績效。例如：公司內部轉投資部門，或是獨立的創投公司。

四、費用中心

費用中心是針對幕僚單位，包括財務、會計、企劃、法務、特別助理、行政人事、秘書、總務、顧問、董監事等幕僚人員的支出費用，加以總計，並且按等比例分攤於各事業總部。因此，費用中心的人員規模不能太多、龐大；否則各事業總部的分攤，他們會有意見的。當然，一家數億、上百億、上千億大規模的公司或企業集團，勢必會有不小規模的總部幕僚單位，這也是有必要的。

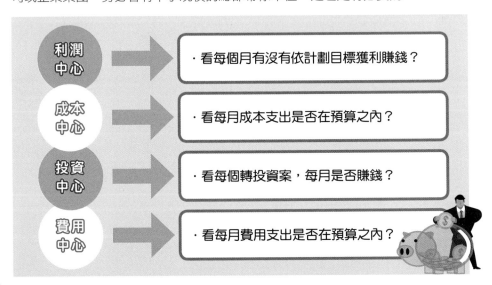

利潤中心 → ・看每個月有沒有依計劃目標獲利賺錢？

成本中心 → ・看每月成本支出是否在預算之內？

投資中心 → ・看每個轉投資案，每月是否賺錢？

費用中心 → ・看每月費用支出是否在預算之內？

控制中心四種型態及目的

① 利潤中心 (Profit Center)

- 各事業部別
- 各公司別
- 各業務單位別
- 各分公司別
- 各廠別

負責產、銷、管、研

達成目的及追求利潤目標

② 成本中心 (Cost Center)

- 各工廠別
- 各採購別

負責成本支出控管

控管及降低成本目標

③ 投資中心 (Investment Center)

- 對內各項新投資案
- 對外各項新投資案

負責投資資金控管

追求投資報酬率

④ 費用中心 (Expense Center)

- 對各幕僚單位支出控管

達成費用預算控管及降低

11-6 企業營運控制與評估項目

在企業實務營運上，高階主管較重視的控制與評估項目，茲整理如下：

一、財務會計面

市場是現實的，企業營運如果沒有獲利，如何永續經營，所以高階主管首先要了解企業的財務會計，並針對以下內容加以控制與評估，即：

1. 每月、每季、每年的損益項目預算目標與實際的達成率；2. 每週、每月、每季的現金流量是否充分或不足。

3. 轉投資公司財務損益狀況。

4. 公司股價與公司市值在證券市場上的表現。

5. 與同業獲利水準、EPS（每股盈餘）水準之比較。

6. 重要財務專案的執行進度如何，例如：上市上櫃 (IPO)、發行公司債、私募、降低聯貸利率等。

二、營業與行銷面

再來是營業與行銷，這是企業獲利的主要來源及管理，而以下數據及市場變化，會有助於高階主管了解企業產品在市場上的流通狀況：1. 營業收入、營業毛利、營業淨利的預算達成率；2. 市場占有率的變化；3. 廣告投資效益；4. 新產品上市速度；5. 同業與市場競爭變化；6. 消費者變化；7. 行銷策略回應市場速度；8.OEM 大客戶掌握狀況，以及 9. 重要研發專案執行進度如何。

三、研究與發展面

企業必需不斷研究與發展，才能創新突破，因此高階主管必需對以下研發相關進展有所掌握：1. 新產品研發速度與成果；2. 商標與專利權申請；3. 與同業相比，研發人員及費用占營收比例之比較，以及 4. 重要研發專案執行進度如何。

四、生產／製造／品管面

企業不斷研發，但生產、製造及品管的品質度及完成時間如何，這是攸關企業的專業與信譽，當然也是高階主管必須重視的，即：1. 準時出貨控管；2. 品質良率控管；3. 庫存品控管；4. 製程改善控管，以及 5. 重要生產專案執行進度控管。

五、其他面向

上述四個控制與評估項目，幾乎是高階主管必修的課題，除此之外，還有以下專案管理的項目，也必需予以特別留意並控制與評估：1. 重大新事業投資專案列管；2. 海外投資專案列管；3. 同／異業策略聯盟專案列管；4. 降低成本專案列管；5. 公司全面 e 化專案管理；6. 人力資源與組織再造專案列管；7. 品牌打造專案列管；8. 員工提案專案列管，以及 9. 其他重大專案列管。

經營分析五大指標

企業實務運用最廣、效果最佳的一種整體性經營分析技術

1. 營業行銷類

① 營收額分析
② 毛利額分析
③ 市場占有率分析
④ 品牌分析
⑤ 廣告量分析
⑥ 競爭對手分析
⑦ 個人與團體業績分析
⑧ 通路分析
⑨ 價格分析
⑩ 促銷分析
⑪ 公關分析
⑫ 廠商型顧客分析
⑬ 消費型顧客分析
⑭ 活動行銷
⑮ 目標市場區隔

2. 財會經營類

3. 生產與研發類

4. 客戶服務類

5. 一般管理類

經營分析比例用法，是對於任何今年實際經營的數據，都必需注意五種可靠正確的比例分析原則，才能達到有效的分析效果。

一、應與去年同期比較

例如：本公司今年營收額、獲利額、EPS（每股盈餘）或財務結構比例，與去年第一季、上半年或全年度同期比較增減消長幅度如何。與去年同期比較分析的意義，即在彰顯今年本公司各項營運績效指標，是否進步或退步，還是維持不變。

二、應與同業比較

與同業比較是一個重要的指標分析，因為這樣才能看出各競爭同業彼此的市場地位與營運狀況。例如：本公司去年業績成長 20%，而同業如果也都成長 20%，甚或更高比例，則表示這由整個產業環境景氣大好所帶動。

三、應與公司年度預算目標比較

企業實務最常見的經營分析指標，就是將目前達成的實際數字表現，與年度預算數字互做比較分析，看看達成率多少，究竟是超出預算目標，或是低於預算目標。

四、應與國外同業比較

在某些產業或計畫在海外上市的公司、計畫發行 ADR（美國存託憑證）或發行 ECB（歐洲可轉換公司債）的公司，有時也需要拿國外知名同業的數據，作為比較分析參考，以了解本公司是否也符合國際的水準。

五、應綜合性／全面性分析

有時在經營分析的同時，我們不能僅看一個數據比例而感到滿意，更應注意各種不同層面、角度與功能意義的各種數據比例。

換言之，我們需要的是一種綜合性與全面性的數據比例分析，所以必需同時納入各種經營指標的數據考量，所得出的結果才會周全，以避免偏頗或見樹不見林的缺失。

經營分析五大指標與原則

分析比較五大原則

1 與去年同期比較

→EX：今年上半年與去年上半年比較

2 與同業比較

→EX：本公司數據與A、B、C三公司比較

3 與今年預算目標比較

→EX：今年第一季實績與預算相比較

4 與國外同業目比較

→EX：本公司數據與國外知名同業數據比較

5 與今年整體成長比較

→EX：今年全年本公司成長率與全市場成長相比較

比較分析五大指標

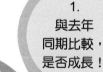

1.
與去年
同期比較，
是否成長！

2.
與今年
預算比較，
是否達成！

5.
與整體同業
成長率比較，
是否超過整個
行業！

比較分析
五大指標

4.
與國外同業
比較，是否具
國際水準！

3.
與競爭
同業比較，
是否勝出！

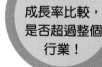

11-8 財務分析指標

　　近幾年，報章媒體頻傳某些知名上市企業無預警關廠、倒閉，雖可歸咎於全球景氣不佳或因應競爭壓力而移轉境外投資等因素，但如果能事先從其財務報表看出端倪，不僅有助於降低企業本身投資之風險，也能提升企業內部經營效能。

一、損益表分析

　　損益表是表達某一期間、某一營利事業獲利狀況的報表，期間可以為月／季／年等，也是多數企業經營管理者最重視的財務報表，因為這張報表宣告這家企業的盈虧金額，間接也揭露這家企業經營者的經營能力。但損益表的功能絕非只是損益計算，深入其中常可發現企業經營的優缺點，讓企業藉此報表不斷改進。

二、資產負債表分析

　　資產負債表是反映企業在某一特定日期財務狀況的報表，又稱為靜態報表。

　　資產負債表主要提供有關企業狀況的訊息，透過報表，可以提供某一日期資產的總額及其結構，說明企業擁有或控制的資源及其分布情況，也可反映所有者所擁有的權益，據以判斷資本保值、增值的情況，以及對負債的保障程度。

三、現金流量表分析

　　現金流量表是財務報表的三個基本報表之一，所表達的是在一個固定期間（每月／每季）內，一家機構現金增減變動情形。該報表主要反映資產負債表中各項目對現金流量的影響，並根據用途劃分為經營、投資及融資三個活動分類。

四、轉投資分析

　　轉投資就是企業進行非現行營運方向或他項產業營運的投資，但臺灣愈來愈多的上市上櫃公司，把生產重心轉移至中國大陸，在財務報表上就產生愈來愈龐大的業外收益，母公司報表的數字也愈來愈沒代表性。因此，如何判斷報表數字的正確性，正是奧妙所在，所以不論是看同業或自家報表，高階主管應注意下列分析：1.轉投資總體分析；2.轉投資個別公司分析；3.轉投資未來處理計畫分析。

五、財務專案分析

　　除上述外，企業可能會有下列財務專案的進行需求，需要高階主管隨時投入心力：

　　　1.上市上櫃專案分析。
　　　2.外匯操作專案分析。
　　　3.國內外上市上櫃優缺點分析。
　　　4.增資或公司債發行優缺點分析。
　　　5.國內外融資優缺點分析。
　　　6.海外擴廠、建廠資金需求分析。

財務報表與經營指標

財務會計報表分析

損益表分析
- 1. 營收分析（總體、產品別、地區別、事業別營收）
- 2. 成本分析（總體、產品別、地區別、事業別營收）
- 3. 毛利分析（總體、產品別、地區別、事業別營收）
- 4. 稅前/稅後淨利分析（總體、產品別、地區別、事業別營收）
- 5. EPS（每股盈餘）
- 6. ROE（股東權益報酬率）
- 7. ROA（資產報酬）
- 8. 利息保障倍數

資產負債表分析
- 1. 自有資金比例分析
- 2. 負債比率分析
- 3. 流動比率分析
- 4. 速動比率分析
- 5. 應收帳款天數
- 6. 存貨天數
- 7. 長債與短債比例

現金流量表分析
- 1. 現金流出、流入與淨額分析
- 2. 營運、投資及融資活動之現金流量

轉投資分析
- 1. 轉投資總體分析
- 2. 轉投資個別公司分析
- 3. 轉投資未來處理計畫分析

財務專案分析
- 1. 上市、上櫃專案分析
- 2. 外匯操作專案分析
- 3. 國內外上市、上櫃優缺點分析
- 4. 增資或公司債發行優缺點分析
- 5. 國內外融資優缺點分析
- 6. 海外擴廠、建廠資金需求分析

各種財務經營指標分析

項 目		
1. 財務結構	(1) 負債占資產＋股東權益比率 (%)	
	(2) 長期資金占固定資產比率 (%)	
2. 償還能力	(1) 流動比率 (%)	
	(2) 速動比率 (%)	
	(3) 利息保障倍數 (倍)	
3. 經營能力	(1) 應收款項周轉率 (次)	
	(2) 應收款項收現日數	
	(3) 存貨周轉率 (次)	
	(4) 平均售貨日數	
	(5) 固定資產周轉率 (次)	
	(6) 總資產周轉率 (次)	
4. 獲利能力	(1) 資產報酬率 (%) (ROA)	
	(2) 股東權益報酬率 (%) (ROE)	
	(3) 占實收資本比率 (%)	營業純益
		稅前純益
	(4) 純益率 (%) / 毛利率 (%)	
	(5) 每股盈餘 (EPS)	
5. 現金流量	(1) 現金流量比率 (%)	
	(2) 現金流量允當比率 (%)	
	(3) 現金再投資比率 (%)	
6. 槓桿度	(1) 營運槓桿度	
	(2) 財務槓桿度	
7. 其他	本益比（每股市價÷每股盈餘）	

　　BU 制度是近年來常見的一種企業組織設計制度，它是從 SBU（Strategic Business Unit，戰略事業單位）制度，逐步簡化稱為 BU(Business Unit)；然後，因為可以有很多個 BU 存在，故也稱為 BUs。

一、何設 BU 制度

　　BU 制度，即指公司可以依專案別、公司別、產品別、任務別、品牌別、分公司別、分館別、分部別、分層樓別等之不同，而將之歸納為幾個不同的 BU 單位，使權責一致，並加以授權與授與責任，最終要求每個 BU 單位要能獲利才行，這是 BU 制度最大宗旨。BU 制度也有人稱為「責任利潤中心制度」(Profit Center)。

二、BU 制度的優點

　　(一) 確立每個不同組織單位的權力與責任的一致性。
　　(二) 可適度有助於提升企業整體的經營績效。
　　(三) 可引發內部組織的良性競爭，並發掘優秀潛在人才。
　　(四) 可有助於形成「績效管理」趨向的優良企業文化與組織文化。
　　(五) 可使公司績效考核與賞罰制度有效連結在一起。

三、BU 制度的盲點

　　BU 制度並非萬靈丹，不是每一個企業採取 BU 制度，每一個 BU 單位就能賺錢獲利，這未免也太不實際了；否則，為什麼同樣實施 BU 制度的公司，依然有不同的成效呢？其盲點有以下兩項：
　　(一) 當 BU 單位負責人不是一個優秀的領導者時，該 BU 單位仍然績效不彰。
　　(二)BU 單位要發揮功效，仍須有配套措施配合運作，才能事竟其功。

四、BU 組織單位如何劃分

　　實務上，因為行業甚多，因此 BU 的劃分可從下列切入：公司別 BU、事業部別 BU、分公司別 BU、各店別 BU、各地區別 BU、各館別 BU、各產品別 BU、各品牌別 BU、各廠別 BU、各任務別 BU、各重要客戶別 BU、各分層樓別 BU、各品類別 BU、各海外國別 BU 等。
　　舉例來說：甲飲料事業部劃分茶飲 BU、果汁飲料 BU、咖啡飲料 BU，以及礦泉水飲料 BU 四種；乙公司劃分為 A 事業部 BU、B 事業部 BU、以及 C 事業部 BU 三種；丙品類劃分為 A 品牌 BU、B 品牌 BU、C 品牌 BU、以及 D 品牌 BU 四種；丁公司劃分為臺北區 BU、北區 BU、中區 BU、南區 BU，以及東區 BU 五種。

BU制度與預算配置

BU制度下的預算制度

1. 各公司別 BU 預算 ⟶ 集團各公司
2. 各分公司別 BU 預算 ⟶ 北、中、南各分公司
3. 各店別 BU 預算 ⟶ 王品、西堤、陶板屋
4. 各館別 BU 預算 ⟶ 新光三越、SOGO 百貨
5. 各品牌別 BU 預算 ⟶ 多芬、麗仕
6. 各事業部別 BU 預算 ⟶ 筆電、液晶電視、手機
7. 各產品線別 BU 預算
8. 各車款別 BU 預算 ⟶ Lexus、Camry、Wish
9. 各廠別 BU 預算 ⟶ 如一廠、二廠、三廠

何謂BU制度

BU 制度 ⟶ 責任利潤中心制度

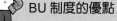

| BU 制度的優點 | VS. | BU 制度的盲點 |

BU制度的優缺點

BU 制度的優點	BU 制度的盲點
1. 權責一致，負起責任使命	1. BU 負責人會影響 BU 績效
2. 較可以提升整體經營績效	2. 要有配套措施，才能發揮 BU 功效
3. 良性競爭，發掘優秀人才	
4. 貫徹績效管理制度	
5. 可以擴大事業規模	

一、BU 制度如何運作

　　BU 制度的運作步驟流程，說明如下：

　　(一) 適切合理劃分各個 BU 組織。

　　(二) 選任合適且強有力的「BU 長」或「BU 經理」，負責帶領單位。

　　(三) 研擬可配套措施，包括：授權制度、預算制度、目標管理制度、賞罰制度、人事評價制度等。

　　(四) 定期嚴格考核各個獨立的 BU 經營績效成果如何。

　　(五) 若 BU 達成目標，則給予獎勵及人員晉升等。

　　(六) 若未能達成目標，則給予一段觀察期，若仍不行，就應考慮更換 BU 經理。

二、BU 制度成功的要因

　　BU 組織制度並不保證成功且令人滿意，不過仍可歸納出企業實務上成功的 BU 組織制度，其成功的要因如下：

　　(一) 要有一個強有力 BU Leader（領導人、經理人、負責人）。

　　(二) 要有一個完整的 BU「人才團隊」組織。一個 BU 就好像是一個獨立運作的單位，必須有各種優秀人才的組成。

　　(三) 要有一個完整的配套措施、制度及辦法。

　　(四) 要認真檢視自身 BU 的競爭優勢與核心能力何在？每一個 BU 必須確信超越任何競爭對手的 BU。

　　(五) 最高階經營者要堅定決心，貫徹 BU 組織制度。

　　(六)BU 經理的年齡層有日益年輕化的趨勢。因為年輕人有企圖心、上進心，對物質經濟有追求心、有體力、活力與創新；因此 BU 經理對此會有良性的進步競爭動力存在。

　　(七) 幕僚單位有時仍未歸屬各個 BU 內，故仍積極支援各個 BU 的工作推動。

三、BU 制度與損益表如何結合

　　BU 制度最終仍要看每一個 BU 單位是否為公司帶來獲利，若每一個 BU 單位能賺錢，全公司累計起來就會賺錢。如果將 BU 制度與損益表的效能成功結合起來使用，即能很清楚知道每個 BU 單位的盈虧狀況。其實這也是先前提到為什麼有人也將 BU 組織，稱為「責任利潤中心制度」的原因。BU 制度與損益表結合的使用方法如右表。

BU制度運作流程與盈虧檢視

BU制度與損益表如何結合

各BU 損益表	BU1	BU2	BU3	BU4	合計
①營業收入	$○○○○○	$○○○○	$○○○○	$○○○○	①營業收入
②營業成本	$(○○○○○)	$( )	$( )	$( )	$( )
③營業毛利	$○○○○○	$○○○○	$○○○○	$○○○○	③營業毛利
④營業費用	$(○○○○○)	$( )	$( )	$( )	$( )
⑤營業損益	$○○○○○	$○○○○	$○○○○	$○○○○	⑤營業損益
⑥總公司幕僚費用攤額	$(○○○○)	$( )	$( )	$( )	$( )
⑦稅前損益	$○○○○	$○○○○	$○○○○	$○○○○	$○○○○

BU制度的運作

如何運作 BU 制度？

1. 合理劃分每一個 BU

2. 選擇每一個 BU 的 BU 長或 BU 經理人選

3. 賦與 BU 的目標數據或預算數據

4. 定期考核每個 BU 的績效成果

5. 賞罰分明

6. 晉升、加薪或撤換不適當人選

END

預算管理 (Budget Management) 對企業界相當重要，也是經常在會議上被當作討論的議題。企業如果想要長保競爭優勢，就必需事先參考過去的經驗值，擬定未來年度的可能營收與支出，才能作為經營管理的評估依據。

一、預算管理的意義

所謂「預算管理」，即指企業為各單位訂定各種預算，包括營收預算、成本預算、費用預算、損益（盈虧）預算、資本預算等，然後針對各單位每週、每月、每季、每半年、每年等，定期檢討各單位是否達成當初訂定的目標數據，並且作為高階經營者對企業經營績效的控管與評估主要工具之一。

二、預算管理的目的

（一）**營運績效的考核依據**：預算管理是作為全公司及各單位組織營運績效考核的依據指標之一，特別是在獲利或虧損的損益預算績效是否達成目標預算。

（二）**目標管理方式之一**：預算管理亦可視為「目標管理」(Management by Objective, MBO) 的方式之一，也是最普遍可見的有力工具。

（三）**執行力的依據**：預算管理可作為各單位執行力的依據或憑據，有了預算，執行單位才可以去做某些事情。

（四）**決策的參考準則**：預算管理亦應視為與企業策略管理相輔相成的參考準則，公司高階訂定發展策略方針後，各單位即訂定相隨的預算數據。

三、預算何時訂定及種類

企業實務上都在每年年底快結束時，即 12 月底或 12 月中旬，即需提出明年度或下年度的營運預算，然後進行討論及定案。

基本上，預算可區分為以下種類：

（一）年度（含各月別）損益表預算（獲利或虧損預算）：此部分又可細分為營業收入預算、營業成本預算、營業費用預算、營業外收入與支出預算、營業損益預算、稅前及稅後損益預算。

（二）年度（含各月別）資本預算（資本支出預算）。

（三）年度（含各月別）現金流量預算。

四、要訂定預算的單位

全公司幾乎都要訂定預算，幕僚單位的預算是純費用支出，而事業部門的預算則有收入，也有支出。因此，預算的訂定單位，應該包括：

（一）全公司預算。

（二）事業部門預算。

（三）幕僚部門預算（財會部、行政管理部、企劃部、資訊部、法務部、人資部、總經理室、董事長室、稽核室等）。

預算管理制度的目的與種類

① 預算管理

企業執行目標管理與
績效考核的主力工具

② 預算時間

每年 12 月時，即應訂定
明年度各種預算目標

③ 預算種類

(1) 年度損益表
(2) 年度資本支出預算表
(3) 年度現金流量表

④ 預算功用

(1) 公司年度績效總目標
(2) 員工全體努力的總指標
(3) 預算與績效考核的聯結
(4) 預算配合策略而來

11-12 預算訂定的流程、檢討及效益

一、預算訂定的流程

（一）經營者提出下年度的經營策略、經營方針、經營重點、以及大致損益的挑戰目標。

（二）由財會部門主辦，並請各事業部門提出初步年度損益預算及資金預算。

（三）財會部門請各幕僚單位，提出該單位下年度的費用支出預算數據。

（四）由財會部門彙整各事業單位及各幕僚部門的數據，然後形成全公司的損益表預算及資金支出預算。

（五）然後由最高階經營者召集各單位主管，共同討論、修正及做最後定案。

（六）定案後，進入新年度即正式依據新年度預算目標，展開各單位的工作任務與營運活動。

二、預算的檢討及調整

在企業實務上，預算檢討會議經常可見；就營業單位而言，預算檢討應該討論的內容如下：

（一）每週要檢討上週達成的業績狀況如何，幾乎每個月也要檢討上個月損益狀況如何？

（二）與原訂預算目標相比是超出或不足？超出或不足的比例、金額及原因是什麼？又有何對策？

（三）如果連續一、二個月都無法達成預算目標，則應該進行預算數據的調整。

調整預算，即代表預算沒達成，往下減少營收預算數據或減少獲利預算數字。總之，預算關係公司最終損益結果，必需時刻關注預算達成狀況而做必要調整。

三、預算制度的效果及趨勢

有預算制度，是否表示公司一定會賺錢？答案當然是否定的。預算制度雖很重要，但也只是一項績效控管的管理工具，並不代表預算控管就一定會賺錢。

公司要獲利賺錢，此事牽涉到多面向問題，包括產業結構、景氣狀況、人才團隊、老闆策略、企業文化、組織文化、核心競爭力、競爭優勢，競爭對手等太多的因素。不過，優良的企業，是一定會做好預算管理制度的。

最後要提的是，近年來企業的預算制度對象有愈來愈細的趨勢，包括已出現的有：1.各分公司別預算；2.各分店別預算；3.各分館別預算；4.各品牌別預算；5.各產品別預算；6.各款式別預算，以及7.各地域別預算。

這種趨勢，其實與目前流行的「單位利潤中心責任制度」是相關的。因此，組織單位劃分日益精細，權責也日益清楚，各細部單位的預算也跟著產生。

預算制定調整與損益表

預算制定與調整

1. 預算單位

(1) 各事業、部各業務部（收入預算、成果預算）

(2) 各幕僚部（費用預算）

(3) 各廠（成本預算）

3. 預算檢討時間

每月（次月）初檢討上月執行案達成程度，並提出因應對策。

2. 預算訂定流程

(1) 老闆指示下年度經營策略及成長目標

↓

(2) 各單位提出自己部門的收入、成本、費用預算

↓

(3) 財會單位彙整好全公司預算

↓

(4) 跨部門開會、討論、定案

↓

(5) 董事會或老闆確定

損益表預算格式

月分損益表

	1月	2月	3月	4月	5月	6月	7月	8月	9月	10月	11月	12月	合計
① 營業收入													
② 營業成本													
③=①−② 營業毛利													
④ 營業費用													
⑤=③−④ 營業損益													
⑥ 營業外收入與支出													
⑦=⑤−⑥ 稅前淨利													
⑧ 營利事業所得稅													
⑨=⑦−⑧ 稅後淨利													

11-13 現金流量表與財務結構指標

一、現金流量表的構面

「現金流量表」是公司財務四大報表中重要的一項,其最主要的目的,是在估算及控管公司每月、每週及每日的現金流出、現金流入與淨現金餘額等最新的變動數字,以了解公司現在有多少現金可動用或是不足多少。

當預估到不足時,就要緊急安排流入資金的來源,包括信用貸款、營運周轉金貸款、中長期貸款、海外公司債或股東往來等方式籌措。

而對於現金流出與流進的來源,主要也有三種:第一種是透過「日常營運活動」而來的現金流進、流出,包括銷售收入及各種支出等;第二種則是「投資活動」的現金流進與流出,是指重大的設備投資或新事業轉投資案,以及第三種則是指「財務面」的流出與流進;例如:償還銀行貸款、別的公司歸還貸款、或是轉投資的紅利分配等。

二、財務結構的指標

所謂「財務結構」是一個公司資本與負債額的比例狀況如何,這是從資產負債表計算而來的。

(一) 財務結構比例二個重要指標

第一個是「負債比例」,其計算公式:負債總額 ÷ 股東權益總額;另外,也有用這個方式計算,即:中長期負債總額 ÷ 股東權益總額。

第二個是「自有資金比例」,即上述公式的相反數據即是。

(二) 重要指標之分析

1. 就負債比例來看:正常的最高指標應是1:1,不應超過這個比例。換言之,如果興建一個台塑石油廠,總投資額需要2,000億元時;如果自有資金就是1,000億元,那麼銀行聯貸總額也不要超過1,000億元為佳。因為超出了,就代表「財務槓桿」操作風險會增高。尤其,在不景氣時期,一旦營收及獲利不理想,而且持續很長時,公司會面臨到期還款壓力,即使屆期可以再展延,也不是很好的財務模式。

2. 就自有資金比例來看:太高也不是很好,因為若完全用自己的錢來投資事業,一則公司面對上千億大額投資,不可能籌到這麼多資金,而且也沒有發揮財務槓桿作用,尤其在低利率借款的現況下。當然,自有資金比例高,代表著低風險,也是值得肯定的。但是,公司在追求成長與大規模下,勢必要藉助財務槓桿運作,才能在短時間內,擴大企業全球規模。

現金流量表內容與財務指標

財務結構的重要指標

財務結構 = 公司資本與負債額的比例

財務結構比例

1. 負債比例＝負債總額÷股東權益總額；也有這樣算法，即：
   ＝中長期負債額÷股東權益總額

2. 自有資金比例：即上述公式的相反數據即是。

重要指標之分析

1. 就負債比例來看：正常的最高指標應是 1：1，超過就代表「財務槓桿」操作風險增高。

2. 就自有資金比例來看：太高也不是很好，因為完全用自己的錢投資事業，一則公司不可能籌到，而且也沒有發揮財務槓桿作用。當然自有資金多，代表風險低。

藉助財務槓桿運作 = 公司才能在短時間內，擴大全球化企業規模目標。

現金流量表三大內容

營業活動的現金流量	投資活動的現金流量	融資活動的現金流量
1. 折舊費用及各項攤提 2. 處分因非交易目的而持有之短期投資利益 3. 短期投資跌價損失提列（回轉）數 4. 依權益法認列投資利益 5. 備抵呆帳提列數 6. 處分固定資產損（益）淨額 7. 備抵存貨跌價及呆滯損失提列數 8. 應收票據增加 9. 應收帳款增加 10. 存貨增加 11. 預付款項增加 12. 其他流動資產增加 13. 應付票據增加（減少） 14. 應付帳款增加 15. 應付費用增加 16. 應付所得稅增加 17. 其他流動負債增加（減少）	1. 因非交易目的而持有之短期投資增加 2. 出售因非交易目的而持有之短期投資款 3. 受限制資產（增加）減少 4. 購買長期投資價款 5. 購置固定資產價款 6. 處分固定資產價款 7. 其他資產增加	1. 短期借款增加（減少） 2. 應付短期票券增加 3. 長期負債減少 4. 發放董事酬勞及員工紅利 5. 現金增資溢價發行 6. 長期應付票據減少

註：上表是較為詳細的項目，實務上，企業在編製此表時，通常會加以簡化項目，以大項目表示即可。

11-14 投資報酬率及損益平衡點

一、投資報酬率的計算

所謂「投資報酬率」(Return on Investment, ROI) 係指公司對某件投資或新業務開發案所投入的總投資額，然後再看其每年可以獲利多少，而換算得出的投資報酬率。當然在核算投資報酬率時，最正規是用 IRP 方法（內在投資報酬率試算法）。只要一個投資報酬率高於利率水準，就算是一個值得投資的案子。這是指公司用自己的錢投資，或向銀行融資借貸的錢投資，都還能賺到超過支付給銀行的利息，當然是值得投資。

此外，還有計算「投資回收年限」，亦即是這個投資總額，要花多少年的獲利累積，才能賺回當初的總投資額。例如：某項大投資案耗資 1,000 億元，若自第三年，每年平均可賺 100 億元，則估計至少十年才能賺回 1,000 億元。此外，還要彌補前二年的虧損才行。

當然，當初試算的投資報酬率是一個參考指標，另外必須考慮其他戰略上的必要性。有時投資報酬率不算很好的案子，但公司也決定要做，很可能有其他非常重要性、策略性的考量，才迫使公司不得不投資。例如：投資上游的原物料或關鍵零組件工廠，以保障上游採購來源。

另外，投資報酬率只是假設試算而已。事實上，隨著國內外經濟、產業、技術、競爭的變化，當初計算的投資報酬率可能無法達成，或反而更高，提前回收，這都是有可能的。

二、損益平衡點的重要性

所謂「損益平衡點」(Break-even Point, BEP)，即是指當公司營運一項新事業或新業務時，必須每月或每年達成多少銷售量或銷售額時，才能使該項事業損益平衡，不賺也不賠。

很多新事業或部門，在剛起步時，因連鎖店數規模或公司銷售量，尚未達到一定規模量，因為呈現短期虧損，這是必然的。但是一旦跨越損益平衡點的關卡，公司營運獲利就有明顯的起色。

從會計角度來看，達到損益平衡點時，代表公司的銷售額，已可負擔固定成本及變動成本，因此才能損益平衡。

從公司經營立場來看，當然儘量力求加速達到損益平衡點，至少在三年內，最多不能超過五年。即使不賺錢但也不要繼續虧損，因為會把資本額虧光，而被迫增資，或向銀行再貸款，甚至關門倒閉。

投資報酬率計算與損益平衡點的定義

投資報酬率的計算

什麼是投資報酬率？

這是指公司對某件投資案或新業務開發案，所投入的總投資額，然後再看其每年可以獲利多少，而換算得出的投資報酬率。

核算投資報酬率的方法

1. 最正規的是用 IRR (Internal Return Rate)，即內部投資報酬率試算法。
2. 其他還有計算「投資回收年限」。

也有例外情形：

投資報酬率只是假設試算，事實上隨著外在環境的變化，可能無法達成或提前回收，這都是有可能的。

損益平衡點

達到使企業不賠了的那一點到來。

即達到某一個銷售量或營收額的那一個點。

只要超過損益平衡點後，即會開始賺錢，轉虧為盈。

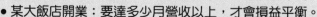

例如：
- 某直營連鎖店：要達 50 店以上才會損益平衡。
- 某新產品上市：要達 2 千萬以上營收，才會損益平衡。
- 某大飯店開業：要達多少月營收以上，才會損益平衡。

Date _____ / _____ / _____

第 12 章
服務業行銷策略概述

12-1 產品的定義及內涵

　　產品本身有三個層面的涵義，除此之外，還有全方位滿足顧客的內涵意義。這也是行銷企劃人員所要做的一系列產品定位及推廣工作，為的正是要讓產品除本身品質外，還有其他各種特色與特質，能讓消費者接受並滿足。

一、產品的定義

　　產品的定義 (Product Characteristic)，可從三個層面加以觀察：

　　(一) 核心產品：係指核心利益或服務，例如：為了健康、美麗、享受或地位。

　　(二) 有形之產品：係指產品之外觀形式、品質水準、品牌名稱、包裝、特徵、口味、尺寸大小、容量等。

　　(三) 擴大之產品：係指產品之安裝、保證、售後服務、運送及信用等。

二、產品的內涵意義

　　全方位滿足顧客產品的內涵意義。顧客購買的是對產品或服務的「滿足」，而不是產品的外型。因此，產品是企業提供給顧客需求的滿足。這種滿足是整體的滿足感，包括：

　　(一) 優良品質。

　　(二) 清楚的說明。

　　(三) 方便的購買。

　　(四) 便利使用。

　　(五) 可靠的售後保證。

　　(六) 完美與快速的售後服務。

　　(七) 信任品牌與榮耀感。

　　因此，行銷的重點，乃在如何設法從三個層面去滿足顧客的需求。由於競爭的結果，現在行銷都已強調擴大產品，亦即提供更多物超所值的服務項目。例如：可以多期分期付款、免費安裝、三年保證維修、客服中心專屬人員服務等。

三、行銷意義何在

　　公司行銷人員將因擴大其產品所產生的有效競爭方法，而發現更多的機會。依行銷學家李維特 (Levitt) 說法，新競爭並非決定於各公司在其工廠中所生產的部分，而在於附加的包裝、服務、廣告、客戶諮詢、資金融通、交通運輸、倉儲、心理滿足、便利及其他顧客所認為有價值的地方，甚至於是終身價值 (Life Time Value,LTV)。因此，行銷企劃人員所能設計與企劃的空間，就更加寬闊與更具創造性。

產品的定義與案例

產品的定義

（三）擴大延伸產品（安裝、保證、分期付款、運送等）

（二）有形產品（設計、外觀、包裝、品牌、特色部分）

（一）
核心產品
（核心利益）

產品案例：陶板屋餐廳

（三）擴大延伸產品（現場服務好不好、結帳服務、出菜速度、用餐環境等）

（二）有形產品（牛肉等級、大小、口味、湯、飲料等……）

（一）
核心利益
（好不好吃）

12-2 服務業產品戰略管理

作為行銷第 1P 的產品 (Product)，不僅是 4P 中的首 P，也是企業經營決戰的關鍵第 1P。

一、產品戰略管理的重要性

企業的「產品力」，是企業生存、發展、成長與勝出的最本質力量，沒有它等於沒有未來，可見其重要性是不言可喻的。

因此，產品戰略及其管理，關係著本公司「產品力」的消長與盛衰，必須賦與高度的重視、分析、評估、規劃及管理。

二、產品戰略管理的要項

根據理論架構及企業實務狀況，歸納出產品戰略管理的要項共 11 項，各項說明如下：

1. 銷售目標對象 (Target Audience)：每一個不同產品的銷售目標對象，選擇策略為何？

2. 命名 (Naming)：每一個不同產品的命名策略為何？

3. 品牌 (Branding)：每一個不同產品的品牌策略為何？

4. 設計 (Design)：每一個不同產品的設計策略為何？

5. 包裝 (Package)：每一個不同產品的包裝及包材策略為何？

6. 功能 (Function)：每一個不同產品的功能策略為何？

7. 品質 (Quality)：每一個不同產品的品質策略為何？

8. 服務 (Service)：每一個不同產品的服務策略為何？

9. 生命週期 (Life-cycle)：每一個不同產品面對生命週期的不同策略為何？

10. 內涵／內容 (Content)：每一個不同產品的組成或提供的內涵、內容策略為何？

11. 利益點 (Benefit)：每一個不同產品為顧客所提供的利益點策略為何？

購物網站

名次	企業名稱
1	PayEasy線上購物
2	momo富邦購物網
3	HappyGo快樂購物網
4	7 Net統一超商購物網站
5	PChome線上購物

房屋仲介

名次	企業名稱
1	信義房屋
2	永慶房屋
3	住商不動產
4	台灣房屋
5	東森房屋

資料來源：遠見雜誌服務業調查：各行業前5名公司

產品策略與產品力

Product與產品策略

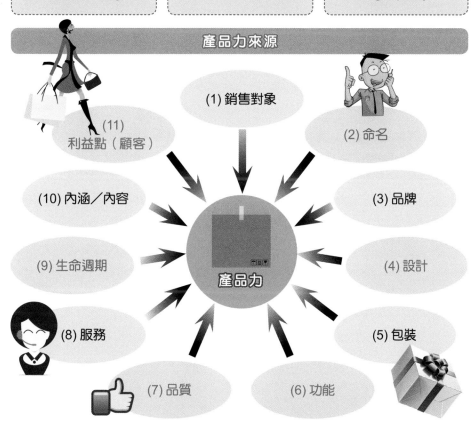

8. 產品一定要品牌化
經營 Branding

1. 獨特銷售賣點
USP

2. 產品差異化
Product Differential

7. 產品不斷改良與創新
Product Improvement
Innovation

Product Strategy

3. 獨特化、特色化
Product Unique

6. 高設計感、時尚感
Fashion Design

5. 帶給消費者利益點
Product Benefit

4. 高品質穩定品質保證
High quality

產品力來源

(1) 銷售對象

(11) 利益點（顧客）

(2) 命名

(10) 內涵／內容

(3) 品牌

(9) 生命週期

產品力

(4) 設計

(8) 服務

(5) 包裝

(7) 品質

(6) 功能

12-3 新產品上市的重要性與原因

企業要永續經營不能僅靠單一產品，而是要不斷迎合市場需求，研發各種新產品。

一、新產品與新服務上市的重要性

新產品開發與新產品上市，是廠商相當重要的一件事。主要有：

(一) 取代舊產品

消費者會喜新厭舊，因此舊產品久了之後，可能銷售量衰退，必須有新產品或改良產品替代之。

(二) 增加營收額

新產品的增加，對整體營收額的持續成長也會帶來助益。如果一直沒有新產品上市，企業營收就不會成長。

(三) 確保品牌地位及市占率

新產品上市成功，也可能確保領導品牌地位或市場占有率地位。

(四) 提高獲利

新產品上市成功，也可望增加獲利績效。例如：美國蘋果電腦公司，連續成功推出 iPhone 手機，使該公司在這十年內獲利水準均保持在高檔。

(五) 帶動人員士氣

新產品上市成功，會帶動業務部及其他成員的工作士氣，發揮潛力，使公司更加欣欣向榮。

二、新產品與新服務發展的原因

(一) 市場需要

由於生活習慣改變，消費者對於便利、速度、安全等需求增高，以及價值觀念的轉移，以致產生新的需要。

(二) 技術進步

新的原材料、更好的生產製造方法，使廠商能生產更好的產品。

(三) 競爭力量

如果沒有競爭，廠商會固守原有產品，而不去理會市場需要改變或技術進步，但在競爭力逼使下，不得不努力發展新產品，以保持或增加市場地位。

(四) 廠商自身追求成長

廠商為了追求營收及獲利不斷的成長，當然必需持續開發新產品，才能帶動成長。因為如果只賣既有產品，這些產品必然會面臨競爭瓜分、產品老化，而顧客減少等威脅，因此，廠商當然要不斷的研發新產品上市，才能保持成長的動能。

新產品發展與重要性

新產品／新服務上市的重要性

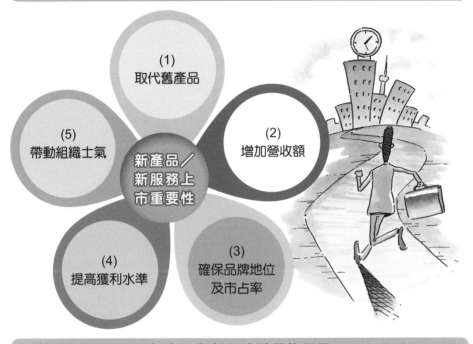

(1) 取代舊產品

(2) 增加營收額

(5) 帶動組織士氣

新產品／新服務上市重要性

(4) 提高獲利水準

(3) 確保品牌地位及市占率

新產品與新服務發展的原因

(1) 市場有需要性

(2) 科技突破與進步

新產品與新服務發展的原因

(3) 競爭力量帶來的壓力

(4) 廠商自身追求成長性

在 21 世紀,我們看到連鎖型態、量販賣場的普及、超商的方便以及物流的盛行,使得行銷的策略與模式有了新變化。因此,未來如何與消費者接觸,通路決策會是重要關鍵。廠商必需判斷何種通路階層,適合自己的產品及預算。

一、零階通路

這是指製造商直接將產品銷售給消費者,其間並無任何中介機構,又稱直接行銷通路或直銷通路;其方式有逐戶推銷、直接郵購、直營商店有種。例如:安麗、克緹等直銷公司或電視購物、型錄購物、網路購物等。

二、一階通路

製造商透過零售商,將產品銷售至消費者手中。例如:統一速食麵、鮮奶直接出貨到統一超商店面銷售。

製造廠商 ⟶ 零售商 ⟶ 消費者

三、二階通路

製造商透過批發商,再將產品交付零售商,再藉由零售商將產品送至消費者手中。例如:多芬洗髮精經過各地經銷商,然後再送到各縣市零售據點銷售。

四、三階通路

製造商利用代理商將產品交付批發商,再藉由批發商將產品銷售給零售商,最後再藉由零售商將產品銷售給消費者。這種情況在國內的行銷作業較少發生,通路拉愈長,成本愈高,廠商能掌握控制的層面愈低,這是製造商不樂意見的。故通常是在國際貿易上,由本國輸出銷給海外的代理商,再由其批發到中盤商而送到零售商銷售。

製造廠商 ⟶ 大盤商 ⟶ 中盤商 ⟶ 零售商 ⟶ 消費者

零售通路最新十大趨勢

零售通路最新趨勢

(1) 便利商店大店化趨勢

例如7-11、全家擴增餐飲座位區、需要較大店面。

(2) 百貨公司餐飲化趨勢
目前各大百貨公司紛紛擴增餐廳坪數及整個樓層,帶來很好業績。

(3) 超市社區化趨勢
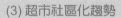

例如全聯超市目前已有750店之多,預計目標1,000店。

(4) 直營門市店擴大連鎖化趨勢
例如麥當勞、摩斯、屈臣氏、星巴克、天仁、誠品等。

(5) 加盟連鎖化擴大趨勢
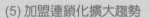
例如便利商店、房仲店、SPA店、咖啡店等。

(6) 虛擬通路不斷成長趨勢
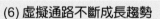

例如電視、型錄、網路購物。

(7) 多元化通路普及趨勢

即商品上市進入多元化、多角化通路策略趨勢。

(8) 擴大展店,形成規模性經濟

例如:全聯、星巴克、康是美、家樂福、屈臣氏、85℃咖啡。

(9) 供貨商建立自主行銷零售通路
例如統一的7-11、家樂福、萊爾富及各大電信服務公司等。

(10) 大規模化店趨勢

例如誠品旗艦店、新光三越信義館、臺北101購物中心、家樂福、高雄夢時代購物中心。

12-5 實體通路、虛擬通路及多通路趨勢

通路行銷是商品造星運動的關鍵,但造星方式絕對不是一成不變。通路行銷會隨著科技進步、網路發達、生活型態的改變,進而形成一個多元化銷售通路的趨勢。

一、實體通路七大型態

國內實體通路對大部分消費品公司的業績創造,占比率達九成之高,剩下一成才屬於虛擬通路;可見實體通路仍是消費品廠商上架銷售的最重要來源,如果上不了實體通路,業績必大受影響。因此,實體通路商都備受消費品廠商高度的配合及重視。

茲列舉國內各大實體通路商的前幾名代表:

(一) **便利商店**:7-ELEVEN、全家、萊爾富、OK;

(二) **量販店**;家樂福、大潤發、愛買;大江、台茂、COSTCO(好市多);

(三) **超市**:全聯、頂好、松青;

(四) **購物中心**:臺北 101、微風廣場、大直美麗華;

(五) **百貨公司**:新光三越、SOGO、遠東百貨、統一阪急;

(六) **藥妝店**:屈臣氏、康是美、寶雅、sasa;

(七) **資訊 3C**:燦坤 3C、全國電子等。

二、目前虛擬通路五大型態

虛擬零售通路方面,目前也有異軍突起之勢,主力公司如下:

(一) **電視購物**:東森、富邦 momo、viva 等三家為主;

(二) **網路購物**:Yahoo 奇摩購物中心、PChome 網路家庭及 momo、博客來為前四大;

(三) **型錄購物**:以東森、DHC(日本來臺)及富邦 momo 三家為主力;

(四) **直銷**:以安麗、雅芳、如新、USANA 等為主力;

(五) **預購**:各大便利商店均有預購業務。

三、多元化銷售通路全面上架趨勢

近幾年來,由於通路重要性大增,產品要出售就得上架,讓消費者看得到、摸得到、找得到。因此,供應廠商的商品當然要盡可能在各種實體及虛擬通路全面上架,才能創造出最高的業績。另一方面,由於零售通路這幾年變化很大,多元化、多樣化,因此帶來各種不同地區及管道的上架機會。目前計有 12 種可以全面上架的銷售通路:1. 量販店;2. 超市;3. 便利商店;4. 全省經銷商;5. 百貨公司;6. 電視購物;7. 網路購物;8. 直營門市;9. 宅配;10. 預購;11. 型錄,以及 12. 加盟門市。

虛實通路型態

國內實體通路七大型態及其主要公司

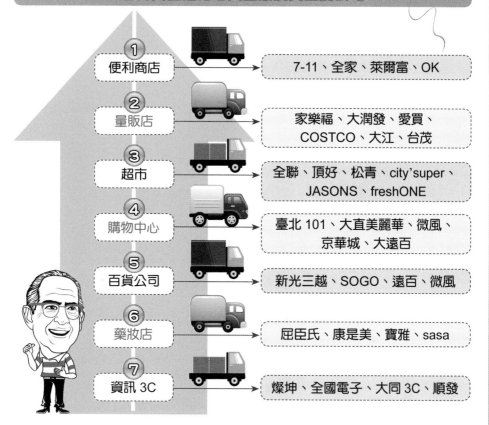

① 便利商店 → 7-11、全家、萊爾富、OK

② 量販店 → 家樂福、大潤發、愛買、COSTCO、大江、台茂

③ 超市 → 全聯、頂好、松青、city'super、JASONS、freshONE

④ 購物中心 → 臺北 101、大直美麗華、微風、京華城、大遠百

⑤ 百貨公司 → 新光三越、SOGO、遠百、微風

⑥ 藥妝店 → 屈臣氏、康是美、寶雅、sasa

⑦ 資訊 3C → 燦坤、全國電子、大同 3C、順發

國內虛擬通路五大型態及主要公司

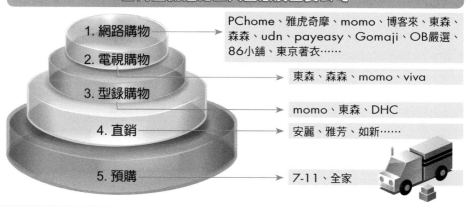

1. 網路購物 → PChome、雅虎奇摩、momo、博客來、東森、森森、udn、payeasy、Gomaji、OB嚴選、86小舖、東京著衣……

2. 電視購物 → 東森、森森、momo、viva

3. 型錄購物 → momo、東森、DHC

4. 直銷 → 安麗、雅芳、如新……

5. 預購 → 7-11、全家

12-6 服務業直營門市店與加盟門市店通路經營

一、直營門市店與加盟門市店的區別

（一）**直營門市店**：係指由公司自身投入經營，包括用租店面或買下店面自主經營；其店長、店經理、店員均由公司自己聘請給薪及管理，例如：阿瘦皮鞋、伯朗咖啡館、La New 皮鞋、摩斯漢堡店、王品牛排店、星巴克咖啡、屈臣氏、UNIQLO 服飾、地球村美日語、中華電信、麥當勞、CHANEL 精品店、誠品書店等。

（二）**加盟門市店**：係指由公司總部統籌規劃相關營運事宜，然後募集加盟店東投資參與店面的經營。例如：7-ELEVEN、永慶房屋、小林眼鏡、五十嵐飲料等。

二、直營門市店漸成主流模式及其原因

最近幾年來，服務業者建立自主的直營門市店，已成為當今最主要的通路經營模式，而且行業別也占最多，遠遠超過加盟店模式，其主要原因有以下幾點：

（一）通路為主：現代企業經營與行銷，必須掌握自己的銷售通路才行。

（二）現代企業規模日趨壯大，財力也雄厚，租下或買下店面，並不是難題。

（三）直營門市店的經營管理，已不是難題，這些都有 IT 資訊化，標準化。

（四）直營門市店長及店員的招募、培訓及管理，也已不成問題，都有一套標準作業處理，而且現在臺灣教育水平與文化水準均高，有利於服務業直營門市店的發展。

三、門市店店長或店經理的經營與管理要項

各行各業的店長或店經理，要做好該店的經營管理，應注意下列要項：

（一）對於該店的每月收入、成本、費用及損益，要懂得如何計算、分析及提出改善對策。

（二）對於所處商圈及其周邊居住的人口與消費群體，應了解並會分析評估。

（三）對於店內商品暢銷與不暢銷的結構性，應該有所了解，並且做好進貨、銷貨、存貨的控管，特別是易於壞掉的生鮮食品。

（四）對於店員部屬的領導、培訓與管理，也要有一套很好的作法及人格特質的展現。更要以身作則及帶人要帶心，才會把整個店的士氣帶動起來。

（五）對於銷售技巧，要與店員共同努力精進，才能對該店每月業績有所助益。

（六）對門市店每個月業績目標的訂定及達成率，要用心且努力的全力以赴。

（七）總公司對於門市店業績達成的激勵獎金制度，要合理且具鼓舞性。

（八）總公司對於門市店應具有即時與有效的督導、協助、輔導等功能。

（九）店長對於該門市店如何經營得更好，應不斷提出建議改善措施，使每個店都有很好的績效表現。

門市店類型與主流店型

服務業門市店二大類型

①
直營門市店
（直營專櫃）

或

②
加盟
門市店

EX：阿瘦皮鞋
　　中華電信
　　信義房屋
　　陶板屋
　　西堤
　　屈臣氏
　　康是美
　　摩斯漢堡
　　La new
　　星巴克
　　UNIQLO
　　Zara
　　GU
　　Gap
　　地球村美語
　　LV 精品店
　　……

EX：7-11
　　全家
　　萊爾富
　　OK
　　東森房屋
　　小林眼鏡
　　四海遊龍
　　五十嵐飲料
　　……

直營門市店漸成主流四大原因

1. 通路為王時代；掌握自主行銷通路，就是掌握業績！

2. 兼做服務門市店及體驗行銷活動場所！

3. 是一種活廣告的象徵，也是店招牌品牌力的功能！

4. 資金力也不成問題，現代都是大企業了！

影響定價的八大因素與價格帶觀念

一、影響服務業定價的八個因素

（一）**產品或服務之獨特程度**：當產品愈具有設計、功能、品質或品牌上之特色時，其對價格選擇的自主權較高；反之，則無任何定價政策可言。

（二）**顧客需要程度**：消費者對此產品需求程度愈高，表示愈無法沒有此種產品，因此，定價自主權也較高。

（三）**產品或服務成本狀況**：定價在正常下必需高於成本，才有利潤可言；當然，為促銷產品而低於成本出售，以求得現金或為搶客戶，也時而有之。

（四）**競爭對手狀況**：當廠商在幾近完全競爭的消費市場上，其定價必需考慮到競爭對手之價格，此乃識時務為俊傑之做法。第二品牌經常會以低價競爭策略，攻擊第一品牌的市占率，但有時也會很有默契的跟隨第一品牌，共享市場大餅。

（五）**合理性程度**：就是消費者覺得合理，甚至有物超所值的感受。

（六）**促銷期與否**：即是否處於促銷期間，通常促銷期定價較低。

（七）**市場景氣狀況**。

（八）**產品或服務的生命週期階段**。

二、「價格帶」的概念

所謂「價格帶」是指在廠商心中，會有以下價格概念影響定價的擬定：

（一）**價格下限**：指產品或服務定價不應該低於成本以下，否則就會虧錢。但也有短期狀況時，價格有可能低於成本，那是因為促銷的緣故。

（二）**價格上限**：指產品定價不應該超過消費者大多數人的上限知覺；超過了，代表定價太貴，買的人將會變少。

（三）**消費者可接受的價格帶**：指在價格下限及價格上限兩者之間，依公司的決定，在此價格帶內，再決定最後一個價格是多少。

三、定價操作的四個步驟

（一）**先針對各種影響定價因素予以評估**：先依據內部如前述所提的各種影響定價的因素，加以衡量，然後定出一個可能的「價格帶」。

（二）**定出多元性定價方案**：在此價格帶內，深入分析各項變化因素及主客觀因素，以及可能的市調結果，再定出一個或二個多元可供選擇的定價方案。

（三）**與主要通路商討論賣相佳的價位**：與大型零售商或經銷商討論哪一個價格方案比較理想、可行及可賣的主力商品，並且，可能就此決定價位。

（四）**視市場反應調整價格**：在推出市場後，看市場的反應度及接受度做機動調整。若不被接受，則須立即調整價位；若可接受，就此正式定案一陣子。

影響定價因素與價格帶

影響服務業定價八大因素

(1)產品或服務的
獨特性

(8)市場景氣狀況

(2)顧客的需求程度

影響
服務業定價
八大因素

(7)促銷期

(3)產品或服務成本的
狀況

(6)產品或服務的
生命週期階段狀況

(4)競爭對手的狀況

(5)物超所值的
感受程度狀況

價格帶概念

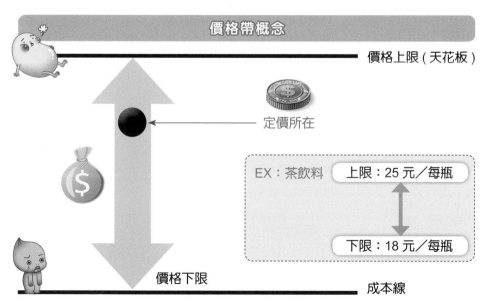

價格上限（天花板）

定價所在

EX：茶飲料　上限：25 元／每瓶

下限：18 元／每瓶

價格下限

成本線

217

12-8 成本加成定價法基本概念

目前在大、中、小型企業中，最常見的定價方法，仍然是成本加成法 (Cost-plus 或 Mark-up)。此法指的是在產品成本上，加上想要賺取或至少應有的加成比例。例如：通常一般行業的成本加成率是 5~7 成；換言之，進價 100 元，再賣出去，至少要加 50%，即 50 元，故賣出價格為 150 元。

即：產品成本＋加成率（通常為 50~70% 之間，視不同行業而定）

(一) 加成比例多少才合理

那麼加成比例應該多少才合理？實務上，並沒有一個固定或標準的加成率，而是要看產業別、行業別、公司別而有不同。

1.5 成至 7 成為一般情形：一般來說，比較常態的加成比例，實務上，大致在 5 成至 7 成之間是合理且常見的。

2. 例外情形

(1)8 成以上：如化妝保養品、健康食品、國外名牌精品或創新性剛上市新產品的毛利率，則可能超過六成以上，也是常有的。

(2)2 成以內：如資訊電腦外銷工廠的加成率，由於它的出口金額很大，故加成率會較低，大約在 10~20% 之間，競爭很激烈。

(3)9 成以上：一般街上飲食店面，加成率也會在 100% 以上。例如，一碗牛肉麵的加成率就會在 100% 以上，至少要賺 1 倍以上。

(二) 加成比例用途

加成比例主要是用來扣除管銷費用。公司產品售價在扣除產品成本後，即為營業毛利額，然後再扣除營業費用後，才為營業損益額（賺錢或虧錢）。例如：桃園工廠生產一瓶鮮乳飲料，若售價扣除這瓶飲料的製造成本，即為營業毛利，然後再扣除臺北總公司至全國分公司的管銷費用，即為營業獲利或營業虧損。因此，加成率若低於應有比例，則顯示定價可能偏低，而使公司無法涵蓋 (Cover) 管銷費用，故而產生虧損。當然，加成率若訂太高，售價也跟著升高，則可能會面臨市場競爭力或價格競爭力不足的不利點。

(三) 成本加成法的優點

成本加成法目前是企業實務界最常見的定價方法，主要優點如下：

1. 簡單、易懂、容易操作。

2. 符合財務會計損益表的制式規範，容易分析及思考因應對策。

3. 在業界使用時共通性較高，具有共識化及標準化。

(四) 毛利率

一般而言，如果成本加成率是在 5~7 成左右時，那麼換算毛利率的結果，其比例會在 3~4 成左右，是一般行業合理的毛利率。

毛利率與定價方法

成本加成法的定價方法

製造成本或
進貨成本
＋
加成比率
（一般 50%~70%）
（5~7 成）
＝
售價
（賣出價格）

EX：

服飾店一件成本
（1,000 元）
＋
60%
加成（600 元）
＝
售價
$1,600 元

此時，毛利率：
$$\frac{毛利額}{營收額} = \frac{600\ 元}{1,600\ 元} = 37\%$$

EX：

漢堡店一個成本
（40 元）
＋
50%
加成（20 元）
＝
售價
60 元

此時，毛利率：
$$\frac{毛利額}{營收額} = \frac{20\ 元}{60\ 元} = 33\%$$

👉 毛利率水平

一般水平	3 成 ~4 成 (30%~40%)
高一些水平	4 成 ~6 成 (40%~60%)
最高水平	6 成 ~10 成 (60%~100%)
毛利率若太低	公司可能會虧錢！
毛利率若太高	產品可能因價格偏高而賣不出去！

219

12-9 其他常用定價法

一、聲望（尊榮）定價法

又稱名牌定價法，或頂級產品定價法。例如：國外名牌精品、珠寶、鑽石、轎車、服飾、化妝保養品、仕女鞋等均屬之。

二、習慣定價法

指一般或常購產品的價格，例如：報紙 10 元、飲料 20 元等。

三、尾數定價法

指一般讓消費者感到便宜些，不能超過另一個百元或一個千元，故定價在 99 元、199 元、299 元、399 元、999 元、1,999 元、2,999 元等均屬之。

四、差別定價法

指企業在不同時間、不同節日、不同季節、不同組合、不同身分、不同數量等，有不同的差別定價。例如：遊樂區在夜間的售價便宜些、鮮奶在冬季的售價也便宜些。

五、促銷折扣定價法

這是目前常見的，到處都可以看到各賣場、各門市店貼出折扣的促銷海報及價格。

六、五種不同的定價策略

要有物超所值感，定價須與品牌定位一致。

定價策略表

(1) TA：針對高所得消費群、頂級客層

| 極高檔、極高價策略 | EX：LV、GUCCI、HERMES、LA MER、SISLEY、DIOR、CARTIER、BENZ…… |
| 高價策略 | EX：SK-II、資生堂、BMW、LEXUS、蘭蔻、晶華/君悅大飯店、SONY、COACH…… |

(2) TA：中產階級的白領消費群

| 中價策略 | EX：Nokia、TOYOTA、無印良品、UNIQLO、日立、LG、三星…… |

(3) TA：針對中低或低所得消費群、基層大眾

| 平價策略 | EX：85度C、BenQ、Acer、Asus、飲料、開架式化妝品、食品…… |
| 超低價策略 | EX：全聯福利中心、報紙…… |

常見定價法與定價策略

常見的七種定價法

(1)
成本加成定價法

製造成本	+	50% ～ 70%

(2)
尊榮(名牌)定價法

製造成本	+	70% ～ 150%

(3)
尾數定價法

$99 / 199 元 / 299 元 / 399 元 / ~999 元

(4)
習慣定價法

・茶飲料：20 元
・報紙：10 元

(5)
差別定價法

・因時間／身分／地點／季節／數量／組合之不同，而有不同價格。
・EX：臺北威秀電影院，早上票為 270 元，晚上票為 320 元。

(6)
促銷折扣定價法

・配合週年慶、年中慶等給予折扣優惠的價格。

(7)
毛利率定價法

・一般毛利率水準在 3~4 成之間；用毛利額 ÷ 營收額，即為毛利率多少。

定價從低到極高的五種策略

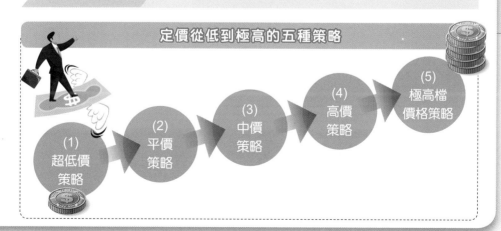

(1) 超低價策略　(2) 平價策略　(3) 中價策略　(4) 高價策略　(5) 極高檔價格策略

12-10 價格競爭與非價格競爭

前文提到各家廠商為爭奪市場大餅而點燃所謂的價格戰火，但以價格來競爭絕對有優勢嗎？或者會帶來更多的反效果？那有沒有一種不必談到價格，純用價值來吸引消費者呢？其可行度又是如何？以下我們將探討之。

一、價格競爭的優缺點

所謂價格競爭 (Price Competition)，係指廠商以削減價格作為唯一的市場競爭手段，力求擴大銷售量，攻占市場占有率。

(一) 優點

1. 價格競爭後，若仍因銷量增加，而使其盈利不受影響，則不失有效的行銷手段之一。例如：手機電話費下降後，打電話數量反而增加。

2. 當產品或市場特性是反映在價格競爭上時，則此乃必然之手段。尤其，在一般性消費品，產品差異化很小時，更是經常利用價格策略爭奪市場。

(二) 缺點

1. 若同業均採同樣手段，則演變成殺價戰，終致兩敗俱傷。

2. 價格下滑，常會引起產品品質與服務水準下降。

3. 價格競爭對資本財力雄厚的大廠影響很小，但對小廠商則終將難以為繼。

4. 價格下滑後，就很難再回復原有的價格水準。

5. 對整個產業正常發展，埋下不利因子。

二、非價格競爭的優缺點

所謂非價格競爭 (Non-price Competition)，係指廠商不做價格削減，而另以增加促銷頻率、服務升級、廣告加大、媒體報導、人員銷售增強、產品改善、通路改善、店頭展示等手段，期使擴大銷售量、強化市場占有率。

(一) 優點：除可避免上述價格競爭外，其最大優點是能以全面性的努力來追求銷售的績效，而非偏重某一方面。

(二) 缺點：當產品或市場特性屬於價格競爭特性與狀況時，若不配合因應，會喪失不少市場。

三、「價格」與「價值」定價的不同思維

傳統上均以成本加成法（毛利率成數法）為定出價格的一種簡單且快速的思維，大部分公司、大部分的人都是如此。也有少數公司、少數產品或少數服務是採取「價值導向」。他們努力打造出各種對顧客帶來價值的東西，然後定出一個尊榮式的價格。例如：LV、CHANEL、GUCCI、PRADA、DIOR 等國外名牌精品。

價格競爭 vs. 價值競爭

價格競爭與價值競爭之差別

1. 傳統：以成本加成法為基礎定出價格

商品 → 成本 (Cost)＋利潤 → 價格 → 價值 → 顧客

2. 以價值為基礎定出價格

顧客 → 價值 → 價格 → 成本 (Cost)＋利潤 → 商品

（以顧客為最起源思考點）

價格競爭與非價格競爭

價格競爭 (price-competition)	或	非價格競爭 (non-price competition)
用降價方法		不用降價方法！
手機、數位相機、液晶電視機等有長期降價趨勢！		改用服務提升／節慶促銷／價值提升方法！

但是，會降低獲利力！

維持獲利力！

223

12-11 銷售推廣組合之內容

　　銷售推廣組合 (Promotion Mix)，也稱為傳播溝通組合 (Communication Mix)，係指公司在進行說服性溝通時，可採用許多手段，例如：廣告活動、室內展示、贈品、免費樣品等。這些手段稱為推廣工具。而推廣組合的目的，就在於如何「配置」其「推廣組合」，使之達成最大推廣力量之策略。

　　推廣組合通常包括五項要素，互為搭配運用，以其最少的推廣成本，達到最大的推廣效果。

一、廣告

　　廣告 (Advertising) 係指由身分明確之廠商，為推銷某觀念、商品或服務，因而所提任何型態之支付代價的非人身表達方式，均稱為廣告。廣告型態包括電視廣告、報紙廣告、雜誌廣告、網路廣告，戶外廣告、廣播廣告及行動廣告等七大類為主。

二、銷售促進 (SP)

　　銷售促進 (Sales Promotion)，係指一切刺激消費者購買或經銷商交易的行銷活動，例如：折扣、滿千送百、滿額送、分期付款、競賽、遊戲、抽獎、彩券、獎金、禮物、派樣、商展、發表會、體驗券等。

三、人員銷售

　　人員銷售 (Sales Forces) 係指為銷售產品，與一位或數位可能顧客，所進行交涉中的一切口頭陳述 (Oral Presentation) 均屬人員銷售，例如：銷售簡報、銷售會議、電話行銷、激勵方案、業務員樣品、商展或展示會等。

四、公共報導

　　公共報導 (Publicity) 是指一種非付費的非人員溝通方式，經由製作有關產品、服務、企業機構形象等宣傳性新聞，而透過大眾平面傳播媒體所報導者，均為公共報導。

五、直效行銷

　　直效行銷 (Direct Marketing) 係指直接於消費者家中或他人家中、工作地點或零售商店以外的地方進行商品銷售，通常是由直銷人員於現場，對產品或服務作詳細說明或示範。目前隨著科技進步，運用媒介也不同，例如：產品型錄、DM、電話行銷、電子商店、電視購物、傳真、e-DM、LINE、WeChat、手機簡訊等。

行銷推廣內容與廣告媒介

行銷推廣的細項內容

1. 產品

目標客戶

3. 通路

2. 價格

4. 推廣

(1) 廣告	印刷品及廣播 郵件 海報	產品外包裝 型錄 工商名錄	傳單 宣傳小冊子
(2) 銷售促進	競賽、遊戲 派樣、商展 折價券	抽獎、彩券 發表會	獎金、禮物 體驗（試用）
(3) 公關	記者招待會 公共報導 事件行銷	研討會 演講	慈善樂捐 年報
(4) 人員銷售	銷售簡報 激勵方案 商展或展示會	銷售會議 業務員樣品	電話行銷
(5) 直效行銷	產品型錄 電子商店 e-mail (e-DM)	郵件(DM) 電視購物 手機簡訊及Line	電話行銷 傳真

七大廣告媒體

廣告類型

(3) 雜誌廣告

(6) 廣播廣告

(1) 電視廣告

(5) 行動廣告（手機廣告）

(7) 戶外廣告

(4) 網路廣告

(2) 報紙廣告

　　行銷與業務 (Marketing & Sales) 是任何一家公司創造營收與獲利的最重要來源。而在傳統行銷 4P 策略作業中，「推廣促銷策略」(Sales Promotion Strategy, SP) 已成為行銷 4P 策略中最重要的策略。而促銷策略通常又會搭配「價格策略」(Price Strategy)，形成相得益彰與「贏」的行銷兩大工具。

一、促銷策略重要性大增的原因

　　近幾年來，全球各國促銷策略運作已非常普及且深入，最主要的原因有三：

　　(一) **主力品牌產品差異化不大**：大部分的主力品牌產品，已不容易創造很大的產品差異化優勢；換言之，產品水準已非常接近，大家都差不多。既然大家都差不多，那麼就要比價錢、促銷優惠或服務水準了。

　　(二) **景氣低迷讓消費者更精打細算**：在景氣不振時，消費者更看緊荷包，等到促銷才大肆採購；換言之，消費者更聰明理性、更會等待，也更會分析比較。

　　(三) **激烈競爭把消費者的胃口養大**：競爭者的手段，一招比一招高，一招比一招重，已經把消費者的胃口養大。但這也無可避免，競爭者只有不斷出新招、奇招，才能吸引人潮、創造買氣、提升業績，並取得市場與品牌的領導地位。

二、促銷的功能何在

　　促銷是廠商經常使用的重要行銷作法，也是被證明有效的方法，特別在景氣低迷或市場競爭激烈時，促銷經常被使用。茲歸納其功能如下：

　　(一) **有效提振業績**：使銷售量脫離低迷，有效增加。

　　(二) **有效出清快過期、過季商品的庫存量**：特別是服飾品及流行性商品。

　　(三) **獲得現金流量，也是財務目的**：特別是零售業，每天現金流入量大，若加上促銷活動，現金流量更大，對資金調度有很大助益。

　　(四) **避免業績衰退**：當大家都做促銷時，如果選擇不做，則必然會帶來業績衰退的結果。因此，像百貨公司、量販店等各大零售業，幾乎都跟著做。

　　(五) **配合新產品上市**：新產品上市為求一炮而紅，幾乎都有一連串的造勢活動，促銷有助於新產品的氣勢與買氣。

　　(六) **穩固市占率**：市占率要屹立不搖相當不易，廠商為了穩固市場也不得不做促銷。

　　(七) **維繫品牌知名度**：平常為維繫品牌知名度，偶爾也要做促銷活動，有利上廣告片。

　　(八) **達成營收預算目標**：有時只差臨門一腳就達到目標，只好加碼促銷。

　　(九) **與通路維持友好關係**：有時為維繫及滿足全國經銷商的需求與建議，也會有人情上的促銷活動。

促銷的重要性與功能

促銷策略重要性大增原因

促銷策略

↓

重要性大幅提升！

↓

因為真的有效！

↓

確實提振
業績！

 ## 促銷活動的九大功能

促銷活動的九大功能

- (1) 為與通路商維持好關係！
- (2) 為達成營收預算目標！
- (3) 為維繫品牌地位！
- (4) 為穩固市占率！
- (5) 為配合新品上市！
- (6) 能避免業績衰退！
- (7) 出清庫存品！
- (8) 獲得現金流入！
- (9) 有效提振業績！

「促銷」(Sales Promotion) 已成為銷售 4P 中最重要的一環，而且是經常的、無時無刻不被用來運用的工具。

一、日趨重要的促銷戰

促銷之所以日趨重要，是因為當產品外觀、品質、功能、信譽、通路等都愈趨一致，而沒有差異化時，除極少數品牌精品外，所剩的行銷競爭武器，就只有價格戰與促銷戰了。而價格戰又常被含括在促銷戰中，是促銷戰有力工具之一。

二、促銷方法的十五項彙整

既然促銷戰如此重要，本單元蒐集近年來，各種行業在促銷方面的相關作法，經過歸類、彙整後，特列出對消費者具有誘因的促銷方法，供讀者參考。

1. 抽獎：這是最常使用的方式，例如將標籤剪下參加抽獎活動，獎項可能包括國外旅遊機票、家電產品、轎車、日用品等。

2. 免費樣品：不少廠商將新產品樣品投遞到消費者家中信箱裡，免費提供消費者使用，以打開知名度及建立使用習性。

3. 滿額贈獎、滿千送百：例如購買多少金額以上，就免費送贈送手提袋或其他產品，刺激消費者購買足額，以得到贈獎。另外，滿千送百也很受歡迎。

4. 折扣：例如百貨公司或超級市場，都會在每個時節、特殊日子或換季時進行打折活動，平常消費者都會暫時忍耐消費，打折時再大舉購買，以節省支出。

5. 促銷型包裝：為引起消費者現場購買的情緒，通常會有一大一小的包裝，小的產品則屬贈品。也有組合式包裝，價格較個別購買便宜，目的要增加銷售量。

6. 購買點陳列與展示：偶爾也見廠商在各種場合，以現場展示與說明，吸引消費者購買。此外，也常見在購買現場張貼海報或旗幟，引起消費者注意。

7. 公開展示說明會：例如電腦、資訊、家電或海外房地產等產品，常會邀請潛在顧客到一些高級場合參觀公開的展示說明會，好讓消費者增加認識與信心。

8. 特價品：以均一價 99 元、特價區每件 99 元等低價促銷，吸引消費者購買。

9. 換點數：紅利集點兌換贈品活動。

10. 折價券：贈送折價券或抵用券 (Coupon)。

11. 加價購：消費者只要再花一些錢，就可以買到更貴、更好的另一個產品。

12. 第二個有優待：如買第二個，以八折優待。

13. 來店禮及刷卡禮：這是百貨公司常見的促銷手法。

14. 加送期數：例如雜誌每月 300 元，一年期 3,500 元；但新客戶加送二期。

15. 其他：買一送一、買二送一、加 1 元多一件、買二件八折計價……。

促銷的方式與效率

常見的／有效的促銷方法

(1)
折扣（打折！）
（5折／6折／
7折／8折）

(2)
滿千送百、
滿萬送千

(3)
免息分期付款

(4)
滿額贈

(5)
大抽獎

(14)
買二件打8折

有效促銷方法

(6)
・買一送一
・買二送一
・買三送一

(13)
包裝附送贈品

(7)
特價組合

(12)
紅利積點折抵
現金或換贈品

(11)
刷卡禮

(10)
來店禮

(9)
加價購

(8)
加量不加價

促銷方法確實有效

廣告宣傳

・促銷活動
・各種促銷方法　→　刺激、誘發
消費者　→　掏錢
購買！　→　業者提振
業績！　→　CASH！
（現金流入）

零售據點
店頭宣傳

12-14 公關目標與效益評估

　　企業內部公關部門及公關人員，為主要對外溝通的對象，其實很多元，包括：

1. 新聞媒體（電視臺、報社、雜誌社、廣播電臺、網路公司）；
2. 壓力團體（消基會、產業公會、同業公會）；
3. 員工工會（大型民營企業的員工工會）；
4. 經銷商（廠商的通路銷售成員）；
5. 股東（大眾股東）；
6. 一般購買者；
7. 競爭同業業者；
8. 意見領袖（政經界名嘴、律師、聲望人士等）；
9. 主管官署（政府行政主管單位）等。

　　上述公關對象，大部分以外部對象為主軸，內部對象的員工為次要。

一、公關部門的目標

　　企業成立公關部門，主要目標及功能如下：

　　1. 達成與各電子媒體、平面媒體、廣播媒體、雜誌媒體及網路媒體的正面、良好互動，以及充分認識媒體關係與人際關係目標。

　　2. 達成與外部各界專業單位、專業人士及策略聯盟夥伴等良好互動關係目標。

　　3. 達成協助營業部門、行銷企劃部門及專業部門之專業活動推動執行與公關業務執行工作目標，其中有可能是以不付費的公共報導方式呈現。

　　4. 達成企業面臨危機事件出現之防微杜漸，以及面對突發性危機事件出現後的快速有效因應，而使危機事件迅速弭平，把對公司傷害降低到最小。

　　5. 達成宣揚公司整體企業形象，獲得社會大眾、消費者、上下游往來客戶等支持、肯定及讚美之目標。

　　6. 達成平日與各界媒體良好的業務往來，並滿足媒體界的資訊需求目標。

　　7. 達成內部各部門及各單位員工對公司的強勁向心力、使命感及企業文化建立。

二、公關效益的評估

　　一個有效率的企業部門會為各部門定下目標達成率，行銷企劃及業務部門是銷售業績，然而對公關部門要如何評估其效益呢？

　　首先是量的評估，就是各媒體曝光量及露出則數。再來是質的評估，就是各媒體露出版面大小、版面位置及電視新聞報導置入。

公關工作與效益評估

公關(PR)部門的四大工作目標

(1) 做到與外界各媒體界良好的
互動關係及人脈建立！

(3) 達成企業整體良好
形象之塑造！

**PR部門
工作目標**

(2) 負責處理企業危機事件！

(4) 協助公司營業部、
行銷部之分工任務！

公關部門效益評估

(1) 有利媒體報導的露出
則數多少！

**公關部門
效益**

(3) 間接對品牌知名度打
響及品牌喜愛度提升
的貢獻！

(2) 露出報導的版位及篇
幅多大！

(4) 間接對業績的貢獻！

一、電視廣告的優點與正面效益

(一) 電視廣告的優點

1. 具有影音聲光效果，最吸引人注目；

2. 臺灣家庭每天開機率高達 90% 以上，代表每天觸及的人口最多，效果最宏大；

3. 屬於大眾媒體，而非分眾媒體，各階層的人都會看。

(二) 為廠商帶來的正面效果

1. 短期內，打開產品或品牌知名度效果宏大。

2. 長期而言，可維繫品牌忠誠度，並具有提醒效果。

3. 促銷活動型廣告與企業形象型廣告均有顯著效果。

二、刊播預算與效益驗證

電視廣告刊播預算要多少才具有效益呢？而其效益要如何驗證？

(一) 新產品上市：至少要 3,000 萬元以上才夠力，一般在 3,000 萬元至 6,000 萬元之間，才能打響新產品的知名度。

(二) 既有產品：要看產品營收額的大小程度，像汽車、手機、家電、資訊 3C、預售屋等，營收額較大者，每年至少花費 5,000 萬元至 2 億元之間，一般日用消費品的品牌約在 2,000 萬元至 5,000 萬元之間。

(三) 廣告效益之驗證：

1. 銷售量、營業額是否比過去平均期間內，上升或長成多少百分比。

2. 品牌知名度、好感度、忠誠度透過委託市調觀察是否有提升。

3. GRP 達成：媒體代理商會提供電腦數據報表。

4. 通路商口碑：由業務部門蒐集反應。

5. 消費者口碑：到各門市店、各經銷店、各專櫃、各加盟店等蒐集反應。

人力銀行網站

名次	企業名稱
1	104人力銀行
2	518人力銀行
3	Yes123

電信公司

名次	企業名稱
1	中華電信
2	遠傳電信
3	台灣大哥大

資料來源：遠見雜誌服務業調查：各行業前5名公司

電視廣告產生的效果

電視廣告的優點

1 具有影音效果，較吸引人注目！

電視廣告的優點

4 仍是首選，最主流的媒體！

2 國人開機率，每天達 90% 以上！

3 屬於大眾媒體，各階層人口收看最多！

電視廣告的效益

(1) 短期內，打響知名度最有效！

(2) 長期具有品牌忠誠提醒 reminding 效果！

(3) 促銷型廣告也很有效果！

(4) 建立良好品牌印象也有效果！

(5) 具有直接或間接提升業績之效果！

12-16 事件行銷 vs. 活動行銷

這幾年我們常常會聽到跨年晚會、臺北 101 煙火秀、苗栗桐花季等活動之舉辦，是否曾思考過為什麼主辦單位要舉辦這些免費活動讓人參加？這正是本單元要探討的事件行銷。

一、什麼是事件行銷

事件行銷是指廠商或企業透過某種類型的室內外活動之舉辦，以吸引消費者參加，然後達到廠商所要的目的。此種行銷，即稱為事件行銷 (Event Marketing) 或活動行銷 (Activity Marketing)，有時也被稱為公關活動 (PR)。

基本上，事件行銷有五種類型：運動型、音樂型、公益型、文化型，以及慈善型。但實務上，還衍生其他政治性、宗教性類型，值得我們加以注意並運用。

國內最著名的案例有臺北 101 煙火秀、跨年晚會、舒跑杯國際路跑、微風廣場 VIP 封館、苗栗桐花季、江蕙演唱會、名牌走秀活動、臺灣啤酒節、臺北牛肉麵節、臺北花博會、臺北購物節、桃園石門旅遊節、中秋晚會、會員活動等。

二、活動企劃案之撰寫

實務上，事件行銷活動企劃案撰寫有其一定事項，茲將大綱列示如下：1. 活動名稱及 Slogan；2. 活動目的及目標；3. 活動日期及時間；4. 活動地點；5. 活動對象；6. 活動內容及設計；7. 活動節目流程 (Run-down)；8. 活動主持人；9. 活動現場布置示意圖；10. 活動來賓、貴賓邀請名單；11. 活動宣傳（含記者會、媒體廣宣、公關報導）；12. 活動主辦、協辦、贊助單位；13. 活動預算概估（主持人費、藝人費、名模費、現場布置費、餐飲費、贈品費、抽獎品費、廣宣費、製作物費、錄影費、雜費等）；14. 活動小組分工組織表；15. 活動專屬網站；16. 活動時程表 (Schedule)；17. 活動備案計畫；18. 活動保全計畫；19. 活動交通計畫；20. 活動製作物、吉祥物展示；21. 活動錄影、照相；22. 活動效益分析；23. 活動整體架構圖示，以及 24. 活動後檢討報告（結案報告）。

三、事件活動行銷成功七要點

事件活動不是促銷活動，所以要如何不著痕跡的行銷，才能成功傳達企業想要傳遞的訊息呢？以下七要點提供參考：1. 活動內容及設計要能吸引人，例如知名藝人出現、活動本身有趣、好玩、有意義；2. 要有免費贈品或抽大獎活動；3. 活動要編列廣宣費，有適度的媒體宣傳及報導；4. 活動地點的合適性及交通便利性；5. 主持人主持功力高、親和力強；6. 大型活動要事先彩排演練一次或二次，以做最好的演出，以及 7. 戶外活動應注意季節性，避免陰雨天。

事件行銷案例與成功要件

大型事件活動行銷案例

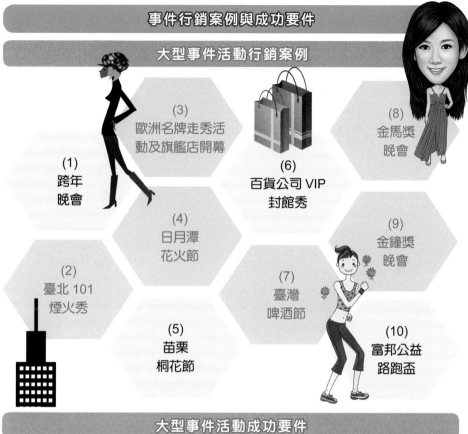

(1) 跨年晚會

(2) 臺北 101 煙火秀

(3) 歐洲名牌走秀活動及旗艦店開幕

(4) 日月潭花火節

(5) 苗栗桐花節

(6) 百貨公司 VIP 封館秀

(7) 臺灣啤酒節

(8) 金馬獎晚會

(9) 金鐘獎晚會

(10) 富邦公益路跑盃

大型事件活動成功要件

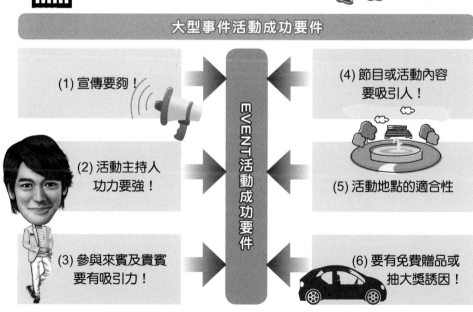

EVENT 活動成功要件

(1) 宣傳要夠！

(2) 活動主持人功力要強！

(3) 參與來賓及貴賓要有吸引力！

(4) 節目或活動內容要吸引人！

(5) 活動地點的適合性

(6) 要有免費贈品或抽大獎誘因！

235

12-17 代言人的工作與行銷目的

　　「代言人行銷」已成為當今行銷活動與行銷策略中重要的一環。代言人行銷若做得成功，常會使一個品牌知名度提升不小，也會使業績上升不少，因此，企業經營者及行銷人員，應該要重視代言人行銷的正確操作，以及是否有必要做代言人操作。

一、代言人行銷的目的

　　代言人行銷操作的目的，大致有幾項：

　　1. 希望在較短時間內，提高新產品上市的品牌知名度、記憶度及喜愛度；

　　2. 希望在較長期的時間內，透過不同的代言人出現，能夠確保顧客群對既有品牌的較高忠誠度及再購度；

　　3. 最終目的是希望代言人行銷有助整體業績的提升，並儘快把產品銷售出去。

　　目前國內知名代言人依其演藝類別或身分可歸納為七類：

　　1. 名模：林志玲、隋棠、陳思璇、林嘉綺等。

　　2. 歌手：楊丞琳、費玉清、江蕙、周杰倫、張惠妹、S.H.E、王力宏、周渝民、羅志祥、梁靜如、蔡依林等。

　　3. 演員：陳昭榮、白冰冰、廖峻、桂綸鎂、林依晨、陳柏霖、湯唯、陳意涵、張孝全、郭雪芙、大S、蕭薔、豬哥亮、莫文蔚、劉嘉玲、趙又廷、小黑、金城武、楊紫瓊等。

　　4. 運動明星：王建民。

　　5. 名媛：孫芸芸。

　　6. 導演：吳念真、張艾嘉。

　　7. 主持人：小S、謝震武、陶晶瑩。

二、代言人要做些什麼事

　　公司花大錢（幾百萬至上千萬）聘請年度代言人，主要進行下列工作事項：

　　1. 拍攝電視廣告片 (CF)：大約 1 支至 3 支不等。

　　2. 拍攝平面媒體（報紙、雜誌、DM）廣告稿使用的照片：大約 1 組至多組。

　　3. 配合參加新產品上市記者會活動。

　　4. 配合參加公關活動，例如一日店長、社會公益活動、戶外活動、館內活動及賣場活動等。

　　5. 配合網路行銷活動，例如部落格等。

　　6. 配合走秀活動與其他特別約定的重要工作事項，而必需出席。

品牌代言人帶進的效益

代言人行銷的目的

代言人
行銷目的

① 希望短時間內，打響品牌知名度及印象！

② 透過與代言人的聯結，引起消費者對品牌的好感及認同度！

③ 長期而言，希望保有對品牌的忠誠度！

④ 最後，希望代言人廣告能帶動銷售業績的提升！

代言人要做什麼事

代言人的
工作要求

(1) 出席記者會／發表會！

(2) 拍攝數支電視廣告！

(3) 拍攝平面使用照片！

(4) 出席一日店長活動！

(5) 相關重要活動出席！例如：公益活動、VIP 會員活動

(6) 創造話題！

(7) 歌唱專輯置入廣告！

12-18 代言人選擇要件及效益評估

一、代言人選擇的要件

對於選擇適當代言人的要件，有以下幾點應注意：

（一）**代言人個人特質及屬性，應該與產品的屬性一致**：例如：廖峻與維骨力；白冰冰與健康食品；林志玲與華航；蕭薔、劉嘉玲、琦琦、莫文蔚及大 S 與 SK II 化妝保養品；孫芸芸與日立家電的生活美學；王建民與 Acer 電腦；陳昭榮與諾比舒冒感冒藥；張惠妹與台啤；隋棠與阿瘦皮鞋週年慶；羅志祥與屈臣氏會員卡；王力宏與 Sony Ericsson 手機；以及桂綸鎂與統一超商的 City Café 等。

（二）**代言人個人應該具備單純的工作及生活背景**；不能過於複雜、緋聞頻傳、婚變頻生、私生活不夠檢點、經常鬧出八卦新聞等；換言之，代言人應該保持正面及健康的個人形象。

（三）**代言人最好能喜愛、使用過且深入了解這個產品**，這是最理想的，代言人不能與這個產品格格不入。如果是新產品上市，則更應花點時間，深入了解這個產品的由來與特性。

（四）**代言人不能耍大牌**：代言人必需友善的、準時的、準確的、快樂的、積極的，配合公司相關行銷活動上的各種合理要求及通告。

（五）**代言人不能搶走產品本身的風采**：不能使消費者記住代言人，卻忘了代言什麼產品，如此一來，兩者的連結性相對變弱，這就是失敗的操作。

二、代言人的效益評估

到年中或年終，公司當然要對年度代言人進行效益評估。主要針對二大項：

第一是代言人本人的表現及配合是否理想。

第二是公司推出所有相關代言人行銷的策略及計畫，是否達到原先設定的要求目標或預計目標。這些目標，包括：

1. 品牌知名度、喜愛度、指名度、忠誠度、購買度等是否提升？
2. 公司整體業績是否比沒有代言人時，更加提升？
3. 公司占有率是否提升？
4. 對通路推展業務是否有幫助？
5. 企業形象是否提升？
6. 公司品牌地位是否守住或提升？

以上目標效益的評估，乃是對公司行銷企劃部門及業務部門所做的評估。檢視行企部門在操作代言人行銷活動，整體是否有顯著效益產生，並且還要做「成本與效益」分析，評估找代言人的支出，以及所得到的效益，兩者之間是否值得。

代言人的選擇與效益評估

好的代言人選擇要件

代言人選擇要件

(1)
具有
高知名度！

(2)
形象良好！

(3)
個人特質與產品屬性相契合！

(4)
代言人就是產品的愛用者！

代言人效益評估二大指標

代言人
二大效益

＝

① 對品牌力提升
效益有多大！

＋

② 對業績提升
效益有多大！

239

代言人數據效益評估

・帶動當年度營收
成長！
・假設成長 2 億元
・2 億 元 × 40%
毛 利 率 ＝ 8,000
萬元毛利額增加

－

・代言費 1,000 萬元
・廣告費支出 3,000 萬元

小計：4,000 萬元

＝

・得到 4,000
萬元淨利潤
收穫！
・值得啊！

整合行銷傳播概念與定義

目前產學界對「整合行銷傳播」(Integrated Marketing Communication, IMC) 的定義仍是眾說紛紜,許多學者提出他們對整合行銷傳播的看法,不管是主張整合行銷 (IM)、整合行銷傳播 (IMC),甚至後來的整合傳播 (IC),方向與觀念基本上是一致的,只是著重點不同,也因此使其行銷策略的貢獻有所不同。目前以下針對學者所提出看法整理說明,以助於觀念之釐清。

一、專家對「整合行銷傳播」的理論定義

1.Shimp:Shimp(2000) 指出由行銷組合所組成的行銷傳播,近來的重要性逐年增加,而行銷就是傳播,傳播也是行銷。近年來公司開始利用行銷傳播的各種形式促銷產品,並獲取財務或非財務上的目標。而此行銷活動的主要形式包括:廣告、銷售人員、購買點展示、產品包裝、DM、免費贈品、折價券、公關稿以及其他各種傳播戰略。為了此傳統促銷更適切地詮釋公司對消費者所做的行銷努力,Shimp 將傳統行銷組合 4P 中的促銷 (Promotion) 概念,擴展成「行銷傳播」(Marketing Communication),並指出品牌需要利用整合行銷傳播,以建立顧客共享意義與交換價值。

2. 美國 4A 廣告協會 (1989):目前廣泛被使用的整合行銷傳播定義,是由美國廣告代理業協會 (4A) 於 1989 年提出的 (Schultz, 1993; Duncan & Caywood, 1993; Percy, 1997):「整合行銷傳播是一種從事行銷傳播計畫的概念,確認一份完整透澈的傳播計畫有其附加價值存在,這份計畫評估不同的傳播工具在策略思考中所扮演的角色,如一般廣告、互動式廣告、促銷廣告及公共關係,並將之結合,透過協調整合,提供清晰、一致訊息、並發揮正面綜效,獲得最大利益。」

二、國華廣告對「整合行銷傳播」的實務定義

國華廣告公司屬於臺灣電通廣告集團旗下的一員。在國華廣告公司網站介紹該公司服務時,國華廣告公司即強調從整合行銷傳播的觀點與功能,提高對廠商的行銷服務。茲描述國華廣告公司對 IMC 理念的闡述:

「整合行銷傳播」(IMC) 是國華協助客戶規劃品牌溝通活動時所力行的行銷準則。在 IMC 的理念之下,國華的服務涵蓋各種與溝通有關的項目,包括客戶服務、創意、促銷、公關、媒體、CI(企業識別體系)、市場研究等。隨著整體環境朝資訊科技 (Information Technology) 發展,國華亦將服務觸角擴展至網際網路這個新媒體,以滿足客戶在數位時代的溝通需求。承襲日本電通追求「最優越溝通」(Communication Excellence) 的企業理念,國華提供全方位的溝通服務,協助客戶達成品牌管理的任務。

整合行銷傳播操作模式

IMC跨媒體組合操作

1. 電視媒體 TV	➡	電視廣告、TVCF
2. 平面媒體 NP、MG、DM	➡	平面廣告 NP、MG、DM
3. 網路媒體 (Internet)	➡	網路廣告、關鍵字搜尋
4. 戶外媒體 OOH(Out of Home)	➡	戶外廣告（公車、捷運、看板）
5. 行動媒體（手機、平板電腦）	➡	手機簡訊廣告、LINE 官方帳號廣告、LINE 貼圖
6. 廣播媒體 RD	➡	廣播廣告

IMC跨行銷組合操作

1. 記者會	11. 官網行銷與網路行銷	21. 贊助行銷
2. 促銷活動 SP	12. 公仔行銷	22. 公益行銷
3. 代言人行銷	13. 店頭行銷	23. 異業結盟行銷
4. 促銷活動行銷	14. 業務人員行銷	24. 紅利積點行銷
5. 異業合作	15. DM 直效行銷	25. 行動行銷
6. 事件行銷活動	16. 電話行銷 	26. 會員卡行銷
7. 通路行銷	17. eDM 行銷	27. 綠色環保行銷
8. 置入行銷	18. 主題行銷	28. 直營店行銷
9. 體驗行銷	19. 會員行銷 	29. 社群行銷 
10. 旗艦店行銷	20. 運動行銷	

12-20 新時代銷售人員角色與管理

營業組織的每一位營業人員，面對新時代的行銷環境及顧客環境，將不再只是單純的銷售產品與達成業績目標，必須扮演更為提升性的功能角色。如果做不到三種最新趨勢的任務，那麼顧客也難長久保有，終會跑向更有競爭力的對手。

一、新時代服務業 B2B 銷售人員的加值角色

新時代的業務員必需自己定位，改變自己的角色：

(一) 做客戶行銷夥伴：特別是 B2B，你必需站在客戶的立場思考如何做好行銷夥伴的角色。為客戶思考如何將你的產品搭配成套銷售給消費者；為客戶思考如何運用你的產品，創造新的且符合消費者所需的新產品；若是消費者產品，你更必需做消費者的顧問，為他創造更高的價值。

(二) 做客戶的研發夥伴：當每一個人都在思索新產品，追求物超所值的時候，你如何將公司的研發能力轉化，協助客戶創新、改善、產製出有競爭力的新產品，只有客戶的產品暢銷，你的生意才能確保。

(三) 做客戶的利潤創造夥伴：強調你所銷售的產品，其品質是利潤的創造者，由於消費者意識高漲，不良品會為客戶帶來災難，把你的經營方法與產品技巧傳授給客戶，就像 GE 公司在執行六個希格瑪 (Σ) 的時候，也把這種方法傳遞給供應商及客戶一樣。

角色改變了，思考方法也跟著改變。不景氣造成行銷上的困境，正是換腦袋思考的時候；不換腦袋，客戶只有換供應商了。

二、服務業銷售組織管理範圍及項目

對銷售人力之管理，應包括下列項目：

(一) 整批挖角：例如高科技公司 R&D 部門、金控銀行，以及壽險公司等。

(二) 甄募與挑選銷售人員。

(三) 對新進銷售人員舉辦教育訓練課程，使其熟悉公司、產品之專業知識。

(四) 對銷售人員進行督導，包括外出拜訪客戶以及辦公室內之行政領導。

(五) 研究各種物質與非物質激勵制度與措施，讓銷售人員有意願衝刺業績。

(六) 進行對銷售人員業績之分析、考核與評估。

(七) 設法改善銷售人員之不良績效，否則應求「物競天擇，適者生存，不適者淘汰」之原則處理。

上述整批挖角部分，在商場上正負評價兩極，尤其知識經濟時代，企業最重要的資產是員工的頭腦，要如何防止離職員工「帶槍投靠」競爭對手或自行創業，也是企業必要的考量。

銷售人員與組織定位與管理

服務業B2B銷售人員三大加值角色

(1) 做為客戶的行銷助力夥伴！

(2) 做為客戶的研發助力夥伴！

(3) 做為客戶的利潤創造助力夥伴！

服務業銷售組織管理六大項目

對銷售組織部門管理項目

(1) 找到好的、強大的人才團隊或整批挖角！

(2) 給予必要與充實的各種教育訓練課程！

(3) 訂定合理且具激勵性的業績與獎金制度！

(4) 適當的績效考核制度！

(5) 指導及督導銷售團隊的成長及學習！

(6) 凝結良好的組織文化及銷售團隊士氣！

在一個以業務人員團隊 (Sales Forces) 為主導的企業裡，如何有效促進提升業務人員的銷售績效，是一件相當重要的事。

一、如何提升 B2B 及 B2C 業務團隊績效

（一）**不斷進行教育訓練**：目的是希望增強業務人員之產品專業知識與銷售技巧，逐步提高其素質。教育訓練是一種長期工作，而不是短時間內就能看到成果。

（二）**設定合理且激勵性的獎金制度**：業務人員並不以領固定薪資為滿足，希望能做更多業績領更多薪資。因此，獎金制度的規劃與確立，必須符合公平、合理與激勵等三項精神，才能發揮效用。

（三）**塑造良好的組織氣候**：有良好的組織氣候，才能激勵業務人員努力創造業績並做長久打算，不會隨時準備跳槽。而良好的組織氣候，必需上自董事長、總經理，下自營業部副總經理或是各處、各部營業經理、副理等中高階主管，都以身作則示範良好行為，包括各種制度、辦法、賞罰、升遷、獎金、人才晉用等。

（四）**推動責任利潤中心制**：營業組織中已有愈來愈多的企業，採行自主經營的利潤中心制，亦即該區營業單位是一個獨立單位，必需對自己的營收、成本及利潤負完全責任，如果超額盈餘，則可撥出一定的百分比供該單位人員分享。

（五）**合理分配業務區域及業績額**：這點也很重要，主管要無私並合理的分配業務區域、業績目標額及業務客戶給每個業務人員或團隊。

（六）**企劃部內的充分配合**：行銷企劃、廣告企劃及財務企劃人員都要全力配合，才能創造好的銷售績效。

二、戰略性 B2B 及 B2C 業務養成訓練

（一）**產品知識**：大部分公司在產品知識的訓練都算可以，畢竟，業務經理都是出身自相同產業及市場，對這方面有較強知識，也傾向於先訓練這方面主題。

（二）**競爭情報與競爭優勢**：業務人員除須了解自己公司產品，也要瞭解競爭對手的產品或服務。為能更有效的銷售，業務人員要知道每一種競爭者產品的優缺點。成本是否比競爭者低？他們產品是否比公司的產品耐用且好操作？大部分公司在自身產品知識訓練上都做得還可以，但在競爭態勢的分析與情報蒐集就相對薄弱。業務人員對競爭態勢有愈多的了解，愈能在市場上有效競爭與銷售。

（三）**銷售技巧**：業務人員已經了解產品、競爭態勢以及客戶情報，接下來，必需加強銷售技巧。較為基本的技巧如以：1. 尋找適當客戶；2. 拜訪前計畫；3. 敲定業務拜訪；4. 使用探索問題，發掘客戶需求與問題所在；5. 向客戶展示產品特色、利益以及相關實證；6. 處理疑問問題，以及 7. 取得客戶下訂單的承諾。

業務人員培訓與提升績效

如何提升B2B及B2C業務團隊績效六大要點

(1) 不斷強化業務人員的教育訓練！包括產品知識及銷售技巧！

提升 B2B 及 B2C 業務團隊績效六大要點

(4) 合理分配個人及小組區域業績額度！

(2) 建立制訂合理且具誘因的業績獎金制度並立即實施！

(5) 塑造優良的組織文化及企業文化！

(3) 推動責任利潤中心制度（即各個 BU 制度）

(6) 企劃幕僚的及時支援搭配！

銷售業績達標！
Sales Up！

業務銷售人員培訓三大領域

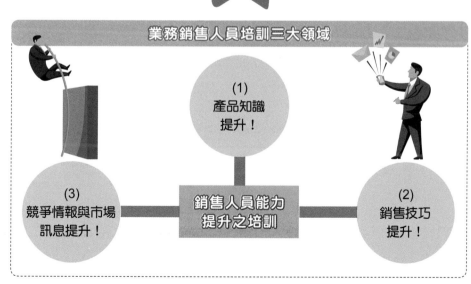

(1) 產品知識提升！

(3) 競爭情報與市場訊息提升！

銷售人員能力提升之培訓

(2) 銷售技巧提升！

245

12-22 業務人員自我學習與銷售步驟

終身學習是新時代的需要，無論是在教育或是工作，都是一個重要的課題。尤其在競爭激烈的市場，不進則退已是一個不變的定律，不容企業忽略。

而處在戰場前線的業務人員，更要時時提高警覺，競爭市場一有什麼風吹草動，如能在第一時間掌握，即能有效因應。然而對市場的這份警覺性多半不是一天、兩天，就能訓練而成的。

因此，除了企業主動栽培業務人員外，業務人員平時要如何自我學習？學習的同時要如何在實務上運用並改進？以下將說明之。

一、業務人員如何自我學習

業務人員可以透過下列七種管道，持續學習：

(一) 同僚的學習：針對推銷上的困境，業務同仁利用短暫時間，彼此交換意見以及經驗，例如：面對客戶的價格異議如何化解，交換心得與技巧，將可使每個人獲得獨到的方法。

(二) 開會交流：利用業務會議之便，請業務人員提出成功個案說明，以作為彼此學習的範例，或是運用腦力激盪，思考克服障礙或開拓市場的創意。

(三) 主管的交談：主管對於業務進行時，所提示的經驗與方法，或是主管對特定客戶的指導與指示，都是最直接的學習機會。

(四) 客戶的互動：拜訪客戶時，尤其是客戶對商品或服務批評、異議、或是提示競爭者的優點時，都是學習的最佳機會。

(五) 平時閱讀報章或雜誌：吸收來自報章雜誌的新知，最具時效與動態性。平時勤於閱讀是充實知識的最好方法，學習毋須刻意安排，由於時間緊湊，若無法參加在職訓練，或是公司沒有在職訓練的機制，上述五種方法仍可為你的推銷技巧增添動力。

(六) 多參加外部專業訓練課程或研討會：外部企管公司、各大學及研究單位等，均會提供專業訓練課程或研討會，值得參加，以吸收不同來源的思考。

(七) 多出國參訪考察，吸取最新知識：應定期出國考察同業、異業或新客戶的產業、市場與公司最新發展情況及創新做法等新觀念。

二、B2B 銷售作業步驟

一項銷售作業之步驟，可區分以下程序：1. 開發、搜尋及篩選客戶；2. 事前接近客戶之計畫安排與資料整理妥當；3. 正式按約定時間接觸客戶；4. 介紹與展示產品及服務；5. 經多次討論及議價，終於成交，簽訂合約；6. 交貨、售後服務及使用後詢問，以及 7. 定期保持聯絡，建立友誼。

提升業務力與開發客戶流程

業務人員如何自我學習與進步

① 向長官、老闆學習！

② 向同輩、優秀同事學習！

③ 多利用開會中學習！

⑧ 多與客戶互動，向客戶學習！

業務人員如何自我學習與進步

④ 自己平時多閱讀專業書籍雜誌！

⑦ 多出國參觀考察或參展！

⑥ 多參加外部相關技能研討會或授課！

⑤ 公司內部上課，認真用心學習！

B2B業務開發作業步驟

(1) 搜尋及篩選客戶！

(2) 約定拜訪客戶時間！

(3) 事前準備好相關書面資料及報告！

(8) 定期保持聯絡，建立友誼！

(4) 正式赴約，見到客戶及訪談！

(7) 交貨及售後服務！

(6) 簽訂成交合約書

(5) 經多次討論溝通及議價！

策略性行銷是指任何行銷有策略性的重大行動，行銷前面加個策略的作法，將對行銷成果發揮正面與有利的影響力。

18 種策略性行銷的作法

實務上，成功的策略性行銷目前可歸納為以下幾種：

1. 波特教授：低成本、差異化（特色化）、專注化。

2. 併購策略：簡稱 M&A，也稱收購，即合併加收購等於併購，在短時間不需花很多錢就可以拓展。例如福客多把營業讓予權讓給全家便利商店、臺北農產超市賣給全聯福利中心、特易購賣給家樂福、維力食品賣給統一。

3. 合併策略：相互合併。

4. 分割策略：Acer 及 ASUS。

5. 垂直整合策略：上、下游整合。

6. 水平整合策略：水平式的整合，如福客多被全家併購。

7. 自有品牌策略：私有的商標 (PL 或 PB；Private Label 及 Private Brand)

8. 海外市場策略。

9. 產品線策略：產品線不斷擴張的策略，如統一企業。

10. 代理策略：M&S 百貨的代理等。

11. 引進新事業策略。

12. 多品牌策略：王品的 12 個餐飲品牌。UNIQLO 及 GU 二個同公司不同品牌。

13. 高級化、頂級化策略。

14. 獨賣策略。

15. 虛實通路並進策略：雄獅旅遊的實體店面與網站。

16. 利基市場策略。

17. 異業合作策略：信用卡的異業合作。

18. 產品創新策略

百貨／購物中心

名次	企業名稱
1	環球購物中心
2	新光三越百貨
3	廣三SOGO百貨
4	義大世界購物中心
5	中友百貨

便利商店

名次	企業名稱
1	統一超商 7-ELEVEN
2	全家 Family Mart
3	萊爾富

資料來源：遠見雜誌服務業調查：各行業前5名公司

策略性行銷與案例

策略性行銷方式

1. 合併與收購策略	2. 自有品牌	3. 上、下游垂直整合
4. 水平整合	5. 多品牌策略	6. 代理國外品牌策略
7. 異業結盟合作策略	8. 獨資、限量策略	9. 產品線擴張策略
10. 市場深耕策略	11. 創新經營模式策略	12. 虛實通路並進策略
13. 高級化、頂級化策略	14. 平價策略	15. 利基市場策略
16. 完全創新產品策略	17. 國外技術合作策略	18. 忠誠卡、紅利卡策略

👉 不景氣的真相是什麼？

(1)日本UNIQLO服飾店	➡	UNIQLO 及 GU 等二個品牌
(2)王品餐飲	➡	王品、陶板屋、西堤、夏慕尼、聚、ikki、hot7、ita、石二鍋……等 12 個品牌！
(3)遠東零售集團	➡	遠東百貨、大遠百購物中心、愛買量販店、city'super 超市、SOGO 百貨等！
(4)和泰TOYOTA汽車代理	➡	Luxus（凌志）、Camry、Wish、Altis、Yaris 等！
(5)晶華酒店集團	➡	晶華酒店、蘭城晶英酒店、捷絲旅旅館！
(6)君品大飯店	➡	君品大飯店、雲品大飯店！

　　不論景氣好、景氣差，成長的壓力永遠不變。企業如果能比競爭對手早一步找出下一波的成長策略，很可能就是贏家了！

　　贏家必需知道的三個關鍵問題，是決定政策的成敗，那就是：1. 你所處的產業，是景氣波動敏感的產業嗎？2. 你的公司在產業中，占據什麼策略地位？3. 公司掌握的財務資源有多少？

　　擺對了策略矩陣，超越目標成長也沒問題！

產品／行銷成長矩陣

　　公司在選擇未來總體成長方向時，有四個區塊可以評估分析及選擇，包括：

　　(一) 既有市場的滲透成長（既有市場／既有產品）：在不改變產品的情況下，針對現有的顧客來提高銷售額。

　　(二) 市場擴張延伸的成長（既有產品／新市場）：為現有產品尋找市場與發展新市場。

　　(三) 產品擴張延伸的成長（既有市場／新產品）：為現有市場提供改良產品或新產品。

　　(四) 多角化的成長（新市場／新產品）：在其現有的產品與市場之外，開創或併購其他事業。

　　其中市場滲透策略為利用現有產品，在現有市場上獲得更多的市占率；接著考慮是否能為現有產品開有新市場，即為市場開發策略；然後可考慮能否在現有市場上開發具有潛在利益的新產品，即為產品開發策略；或是在新的市場開發新的產品，即為多角化策略。

產品／市場成長矩陣的評估與抉擇

	既有產品	新產品
既有市場	1.市場滲透（市場深耕）	3.產品擴張（產品延伸）
新市場	2.市場擴張（市場延伸）	4.多角化

企業成長方向與案例

企業成長四大方向

EX：白蘭氏公司

 ① 向既有市場再深耕下去！ ⟹ ・老人喝雞精及年節送雞精既有市場深耕下去！

＋

② 向新市場擴張延伸下去！ ⟹ ・向廣大上班族新市場及學生新市場延伸下去！

＋

③ 開發新產品擴大下去！ ⟹ ・開發蜆精新產品創造新營收！

＋

④ 全面多角化及全方位發展下去！ ⟹ ・全面朝新產品線及新市場多角化發展！

從產品／市場雙線同步成長

① 既有產品及改良產品
- (1) 賣給既有市場！
- (2) 賣給新潛在市場！

② 新產品線
- (1) 賣給既有市場！
- (2) 也賣給新市場！

王品服務業案例

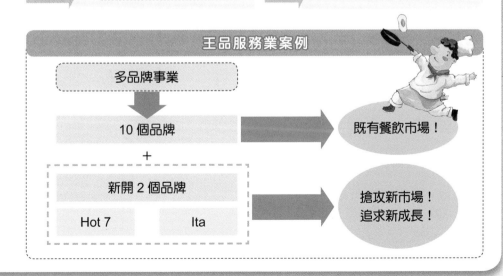

多品牌事業

⟱

10 個品牌 ⟹ 既有餐飲市場！

＋

新開 2 個品牌

Hot 7　　　Ita

⟹ 搶攻新市場！追求新成長！

12-25 獨特銷售賣點 vs. 差異化特色

產品「獨特銷售賣點」(Unique Sales Point or Unique Selling Proposition, USP)，即是企業對這個產品獨特的銷售主張，找出產品獨具的特點與差異，然後以足夠強大有力的聲音說出來，而且不斷強調。

一、要向消費者表達一個主張

基本要點是向消費者或客戶表達一個主張，必需讓其明白，購買自己產品可以獲得什麼具體的利益；所強調的主張必需是競爭對手做不到或無法提供，必需說出其獨特之處，強調人無我有的唯一性；所強調的主張必需是強而有力，必需集中在某一個點上，以達到打動、吸引別人購買產品的目的。

每一家公司，都需要一個說得清楚，或是在視覺上顯而易見的獨特銷售主張。其形式可能是簡短的宗旨，或是能讓員工和消費者產生共鳴的一句口號。有時候，甚至可能只是這種產品或服務的視覺呈現。

二、產品獨特銷售賣點的切入面

以下提供架構項目，從中進一步思考如何做到獨特銷售賣點及差異化特色。

1. 從滿足消費者需求面切入：健康、活力、美麗、青春、好吃、榮耀、快樂、好玩、好住、好開、便利、一次購足、好看，以及其他物質、心理層面的滿足。

2. 從研發與技術特色面切入：有何獨特的技術？以及 R&D 人員做得出來嗎？

3. 從製程特色面切入：製造過程中的特色或差異化？

4. 從原料、物料、零組件特色面切入：例如冠軍茶、冠軍牛乳、有機蔬菜、埃及棉、日本綠茶、高效能乳酸菌、最高級皮革等。

5. 從品質等級特色面切入：頂級品質、高品質等。

6. 從現場環境設計、氣氛、設備、器材、地理位置特色面切入：例如日月潭涵碧樓的獨特位置。

7. 從功能特色面切入：有什麼差異化功能？

8. 從服務特色面切入：提供什麼不一樣的服務？

9. 從品管嚴格特色面切入：有數十道、上百道的品管層層把關。

10. 從手工打造特色面切入。

11. 從訂製、特製、全球限量特色面切入。

12. 從獨家配方、專利權特色面切入。

13. 從低價格特色面切入。

14. 從全球競賽得獎特色面切入。

15. 從現場做的特色面切入。

16. 從品牌知名度切入。

產品獨特賣點切入思考面面觀

1. 從滿足消費者需求面切入
   - 健康、活力、美麗、青春、好吃、好唱、榮耀、快樂
   - 好玩、好住、好開、便利、一次購足、好看
   - 其他物質及心理層面的滿足

2. 從研發與技術特色面切入
   - 有什麼獨特的技術？
   - R&D人員做得出來嗎？

3. 從製程特色面切入：製造過程中的特色或差異化？

4. 從原料、物料、零組件特色面切入

5. 從品質等級特色面切入：頂級品質、高品質等

6. 從現場環境設計、氣氛、設備、器材、地理位置特色面切入

7. 從功能面等色切入：有什麼差異化功能？

產品獨特銷售點、差異化、特色化的十六個切入思考面

8. 從服務特色面切入

9. 從品管嚴格特色面切入

10. 從手工打造特色面切入

11. 從訂製、特製、全球限量特色面切入

12. 從獨家配方、專利權特色面切入

13. 從低價格特色面切入

14. 從全球競賽得獎特色面切入

15. 從現場做的特色面切入

16. 從品牌知名度切入

USP：獨特銷售賣點勝出

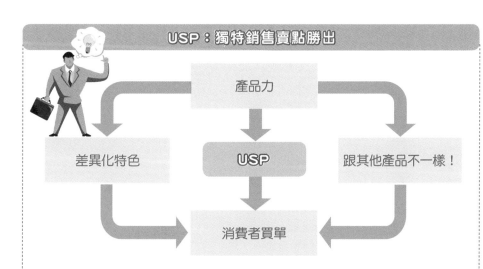

產品力

差異化特色　　　USP　　　跟其他產品不一樣！

消費者買單

253

12-26 行銷策略的致勝與思考

行銷要成功，完善的策略少不了，然而該如何進行及朝哪些方向思考著手，才能出擊致勝。以下歸納幾種行銷策略致勝步驟與行銷策略思考，俾利參考。

一、行銷策略致勝七步驟

（一）**商機何在**：1. 想做什麼產品？什麼服務或事業？ 2. 想做什麼品牌？以及 3. 這是商機嗎？為什麼？

（二）**分析競爭者空間何在**：1. 哪些競爭者已投入市場？狀況如何？ 2. 這個商機市場的進入門檻高或低？ 3. 還有空間嗎？跟競爭對手的優劣勢比較如何？勝算如何？空間在哪裡？空間真的可以形成市場性嗎？

（三）**關鍵成功因素何在**：1. 這個市場或產品的「關鍵成功因素」(Key Success Factors, KSF)，以及 2. 這些是我們所擅長的嗎？是或不是？為什麼？

（四）**進入何種利基市場**：究竟競爭切入哪一塊「利基市場」(Niche Market) 才比較容易成功？此市場是否具有可行性及未來性？

（五）**如何執行 S-T-P 架構**：1. 選定區隔市場 (Segment Market)？ 2. 目標顧客族群或客層為何？ (Target Audience, TA)？顧客群輪廓 (Target Profile) 如何？ 3. 細心分析產品或品牌定位 (Positioning) 為何？品質等級為何？ 4. 消費者洞察 (Consumer Insight)。

（六）**如何組合行銷策略** (Marketing Mix Strategy)：1. 產品策略為何？ 2. 定價策略為何？ 3. 通路策略為何？ 4. 廣告策略為何？ 5. 人員銷售組織策略為何？ 6. 媒體公關策略為何？ 7. 服務策略為何？ 8. 會員經營策略為何？ 9. 有何獨特銷售賣點 (USP)？ 10. 有何差異化？以及 11. 促銷策略為何？

（七）**如何品牌經營化** (Branding)：1. 品牌識別；2. 品牌故事；3. 品牌精神；4. 品牌個性？ 5. 品牌定位，以及 6. 品牌承諾。

二、行銷策略十三種思考方向

在這個行銷環境與市場競爭中，我們要思考採取競爭策略導向的優缺點及可行性分析，包括成本、差異化、品牌、產品創新及價格等之評估與選擇。為讓讀者有全面性概念，茲將實務上常用的行銷策略十三種思考方向，整理如下：1. 找出某個特色化、差異化的行銷策略；2. 找出某個利基市場，而非大眾市場的行銷策略；3. 採用代理名牌產品行銷策略；4. 打造自有品牌、強力宣傳行銷策略；5. 平價但高品質行銷策略；6. 口碑與服務行銷策略；7.VIP 頂級會員行銷策略；8. 全年持續性轟炸式大促銷活動策略；9. 健康／有機取向行銷策略；10. 攻擊式廣告大量投入行銷策略；11. 自建行銷通路策略；12. 異業結盟力量大增行銷策略；13. 高價（頂級／奢華）行銷策略。

致勝的行銷策略與案例

行銷策略致勝七步驟

(1) 商機在哪裡？

(2) 分析競爭空間何在？

(3) 分析關鍵成功因素何在？

(4) 進入何種利基市場？

(5) 如何執行 S-T-P 架構？

(6) 如何執行行銷組合策略？

(7) 如何品牌化經營？

行銷策略致勝案例：hot 7新鐵板燒料理

(1) 平價鐵板燒連鎖市場有沒有商機？

分析：既有競爭者很少；都是單店居多

・關鍵成功因素：
(1) 平價 (300 元左右)
(2) 物超所值感 (有 500 元價值感)
(3) 連鎖化，便利
(4) 裝潢漂亮
(5) 好吃

TA：以年輕上班族群為主力客層

給想吃 1,000 多元鐵板燒，但吃不起的年輕客群

打造品牌力：hot 7

在日本或臺灣，由於市場所得層的兩極化，以及 M 型社會與 M 型消費型態明確發展，過去長期以來的商品市場金字塔型結構，已改變為二個倒三角型的商品消費型態。

一、傳統金字塔結構已改變

(一) 過去長期以來的商品市場考量：以高、中、低三種典型金字塔型結構的價位區分市場，價位愈高，市場量愈少；反之，則愈大。

1. 較少量市場：高級品。

2. 中產階段較大市場：中等程度商品。

3. 底部較大市場：低價格商品。

(二) 今後（未來）商品市場的預測：僅以高、中、低價格來區分市場，所以會呈現二個倒三角型的商品消費型態：

1. 高級品：即代表高價格、高品質、利基市場，以及少量多樣。

2. 低價格商品：即代表低價格、好品質、多量生產、全球化展開，以及市場愈來愈大。

二、兩極化市場同時發展

今後，市場商品將朝兩個方向同時並進發展：

(一) 朝可得到更大滿足感的高級品方向開發：努力開發更大滿足感的高級品，以搶食 M 型消費右端 10~20% 高所得或個性化消費者。

(二) 朝更低價格的商品開發及上市：值得注意的是，所謂低價格並不能與較差的品質劃上等號（即低價格≠低品質）。相反的，在「價格奢華風」的消費環境中，反而更要做出「高品味、好品質，但又能低價格」的商品，如此必能勝出。

另外，在中價位及中等程度品質領域的商品，一定會衰退，市場空間會被高價及低價所壓縮而重新再分配。

隨全球化發展趨勢，具有全球化市場行銷的產品及開發，未來需求必會擴增。因此，很多商品設計與開發，應以全球化眼光來因應，才能獲取更大的成長商機。

三、全方位行銷長保勝出

綜合來看，隨著 M 型社會及 M 型消費趨勢的日益成形，市場規模與市場空間，已向高價與低價（平價）兩邊靠攏，中間地帶的市場空間已被分流及重新配置。廠商未來必須朝更有質感的產品開發，以及高價與低價兩種靈活的定價策略應用，然後鎖定目標客層，展開全方位行銷，必可長保勝出。

商品市場走向與案例

過去商品市場考量

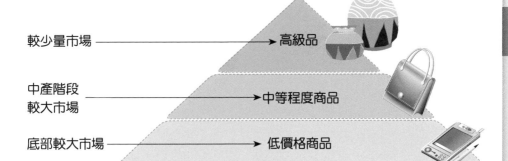

較少量市場 ──────────────→ 高級品

中產階段
較大市場 ──────────────→ 中等程度商品

底部較大市場 ──────────────→ 低價格商品

今後商品市場的預測

高級品 ←────── 高價格
　　　　　　　　高品質
　　　　　　　　利基市場
　　　　　　　　少量多樣

低價格
好品質
多量生產
全球化展開
市場愈來愈大 ──────────→ 低價格商品

兩極化市場並進，囊括全體市場案例

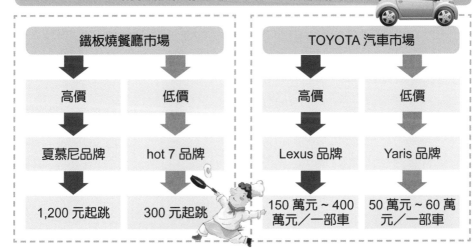

鐵板燒餐廳市場		TOYOTA 汽車市場	
高價	低價	高價	低價
夏慕尼品牌	hot 7 品牌	Lexus 品牌	Yaris 品牌
1,200 元起跳	300 元起跳	150 萬元～400 萬元／一部車	50 萬元～60 萬元／一部車

Date _____/_____/_____

國家圖書館出版品預行編目資料

圖解服務業經營學／戴國良著.--初版--.--臺
北市：書泉,2015.11
　　面；　公分.
　ISBN 978-986-451-031-3（平裝）

1.服務業管理　2.行銷管理　3.顧客關係管理

489.1　　　　　　　　　104020607

3M73

圖解服務業經營學

作　　者 ― 戴國良

發 行 人 ― 楊榮川

總 編 輯 ― 王翠華

主　　編 ― 侯家嵐

責任編輯 ― 侯家嵐

文字編輯 ― 12舟　許宸瑞

封面完稿 ― 盧盈良

內文排版 ― 張淑貞

出 版 者 ― 書泉出版社

地　　址：106台北市大安區和平東路二段339號4樓

電　　話：(02)2705-5066　　傳　　真：(02)2706-6100

網　　址：http://www.wunan.com.tw

電子郵件：shuchuan@shuchuan.com.tw

劃撥帳號：01303853

戶　　名：書泉出版社

經 銷 商：朝日文化

進退貨地址：新北市中和區橋安街15巷1號7樓

TEL：(02)2249-7714　　FAX：(02)2249-8715

法律顧問　林勝安律師事務所　林勝安律師

出版日期　2015年 6 月初版一刷
　　　　　2016年10月初版二刷

定　　價　新臺幣380元